www.damdi.co.kr

불 마귀를 제압하라 | 한국건축 속 화마를 막아 다스리는 이야기
서경원 지음

초판 발행 : 2023년 11월 16일

펴낸이 : 서경원
발행·편집 : 도서출판 담디 | 등록일 - 2002.9.16. 번호 - 제9-00102호
주소 : 서울시 강북구 삼각산로 88 2층
전화 : 02 - 900 - 0652 | **팩스 :** 02 - 900 - 0657
이메일 : damdi_book@naver.com | **홈페이지 :** www.damdi.co.kr

© 2023 서경원, 도서출판 담디
지은이와 출판사의 허락 없이 책 내용 및 사진, 드로잉 등의 무단 복제와 전재를 금합니다.

정가 : 21,600원

ISBN : 978-89-6801-105-4 | Printed in Korea

한국건축 속
화마를 막아 다스리는 이야기
불 마귀를 제압하라

서경원 지음

머리말

2023년 10월 15일, 광화문 현판이 교체되었다. 흰색 바탕에 검은색 글씨였던 현판이 검은색 바탕에 금색 글자로 바뀌었다. 경복궁을 중건할 당시의 형태다. 〈경복궁 영건일기〉를 보면, 고종 2년인 1865년 10월 11일 저녁 8시경에 광화문 현판을 달았다. 일제강점기인 1927년경에 조선 총독부 청사가 들어서면서 광화문은 헐렸다. 실로 100여 년 만에 본래의 현판 모양으로 복원된 셈이다. 이번에는 문 앞의 월대까지 복원되었으니, 광화문은 거의 온전한 모습을 되찾았다.

각종 언론매체에 이 사실이 대대적으로 보도 되었다. 보도 내용을 두루 찾아보았다. 그런데 왜 광화문의 현판을 검은색으로 제작했는지에 대한 기사는 별로 없었다. 임금님의 얼굴격인 궁궐 정문을 아무 개념 없이 낼 리는 없지 않은가. 광화문 현판의 검은 바탕은 오행으로 물의 상징이다. 한마디로 궁궐의 화재를 예방하려는 물의 판이다. 관악산의 화기를 제압하려는 목적으로 물의 색인 검은색을 선택한 것이다. 광화문을 발굴 조사하여 형태는 거의 복원하였지만, 내용은 이를 충분히 뒷받침해 주고 있는지 좀 의문이 든다. 이 책을 쓴 이유 중 하나다.

갑골문의 불 화자는 불이 타오르는 모양이다. 뾰족뾰족한 산의 모양을 닮았다. 더군다나 남쪽은 오행으로 불의 방위다. 경복궁에서 보면 전주작인 관악산은 바로 불이 활활 타오르는 불 마귀를 닮았다. 언제든 궁궐에 화재를 불러일으킨다고 여겨 내내 걱정거리였다. 화마로부터 궁궐을 지켜내려면 모든 수단을 동원해서 관악산의 화기를 제압해야 했다. 그래서 숭례문 현판도 세워서 달았다. 불로써 불을 막는 맞불의 상징 체계다. 관악산을 향하는 경복궁 모든 전각의 현판은 검은 바탕이다. 물로써 불을 제압하는 수극화의 원리다. 또한 관악산 꼭대기에 6각형으로 못도 팠다. 숫자 6은 1과 함께 하도에서 물을 상징한다. 물로써 관악산의 화마를 현장에서 곧바로 제압하려는 방책이었다.

경회루도 궁궐의 화재를 예방하려 지은 물의 정자다. 대학원 석사논문의 주제였다. 이를 중심으로 글을 쓰다 보니 내용이 많아져서 두 권으로 나누었다. 관악산의 화마를 제압하는 내용과 한국 사찰의 화마를 막아 물리치는 이야기를 묶어 우선 출판한다. 경회루의 비밀과 이를 뒷받침해 주는 동양사상인 음양오행을 묶어 곧 출판할 예정이다.

감사드릴 분들이 많다. 먼저 늦은 나이에 대학원 공부를 할 수 있도록 많은 가르침을 주신 한양대학교 건축과 한동수 교수님께 감사드린다. 동양학의 문을 열어주신 대연학당의 청고 이응문, 덕천 오금지 선생님께도 감사드린다. 현장 풍수 전문가이셨던 고 장영훈 교수님도 늘 그립다. 중간중간 졸고를 검토해 준 김정관 건축가, 응원해 준 임택근과 고향 친구들, 또 우리 가족 모두와 손자 손녀에게도 고마움을 전한다.

이 책을 부모님 영전에 받친다. 어머님이 돌아가시면서 제 몫으로 돈을 남겨주셨다. 당신들이 생전에 아끼고 아껴 남겨주신 귀하디귀한 돈을 허투루 쓸 수가 없었다. 대학원 등록금으로 온전히 썼다. 뒤늦은 나이에 대학원을 진학하게 된 동기 중 하나였다.

다 늦은 나이에 힘들게 무슨 학교냐며, 혹여 자식 몸이나 상하지 않을까 염려부터 하셨을 울 엄니, 아버지! 늘 그립고 존경합니다. 셋째아들은 잘살고 있으니, 부디 제 걱정일랑은 마시고 두 분 평안히 잘 쉬시길 빕니다. 조만간 찾아뵈어 이 책을 놓고 술잔을 올리겠습니다.

2023년 11월 4일
가일 서경원 씀.

차 례

관악산의 화마를 제압하라

광화문의 현판은 불을 제압하려는 물 판이다 ·· 013
터무니없이 복원된 광화문 현판·· 014
광화문은 차라리 한 채의 소슬한 종교 ·· 018
광화문 앞 광장이 바로 명당이다·· 026
한국의 마당은 비어 있어야 제격이고 명당이 된다······························ 032
일명 "명박산성"은 촛불을 이길 수 없다 ·· 036
관악산의 화기를 막기 위해 숭례문의 현판을 세워 달았다 ······················ 044
광화문의 빛 광光자는 강력한 발광체다 ·· 049
불을 먹어 치운다는 상상의 동물 해치獬豸·· 050
불 마귀는 드므 물에 비친 자신의 흉측함에 놀라 지레 도망을 친다 ············· 054
부엌에 갈라진 얼음 문양을 장식해 불조심을 상기시켰다························ 055
주춧돌 위에 기둥을 세우기 전에 소금을 넣기도 한다 ···························· 057
배의 깃발을 근정전 월대 위 사방에 꽂아 관악산의 화기를 막아내다 ··········· 058
경회루 연못에서 옥돌로 된 부적이 발견됐다 ····································· 059
경회루 연못의 물길도 관악산을 향하도록 냈다 ·································· 061
경복궁 복원공사 중에도 몇 차례 불이 났다 ······································ 064
관악산 꼭대기에 6각형의 우물을 파다 ·· 066
관악산 정상에 올라 빗물 고인 못을 살펴보다 ···································· 076

관악산의 화마를 제압하라

여자가 한을 품으면 오뉴월에도 서리가 내린다 ················· 082
음력으로 10월(양력으로 11월) 입동 절기 ···················· 082
음력으로 11월(양력으로 12월) 동짓달 ······················ 090
음력으로 1월(양력으로 2월) 입춘 절기 ······················ 091
음력으로 5월(양력으로 6월) 하지 절기 ······················ 094
음력으로 7월(양력으로 8월) 입추 절기 ······················ 096
음력으로 9월(양력으로 10월) 한로, 상강 절기 ················· 097
십이소식괘는 태극의 원리다·························· 101
각 전각의 대들보에 화마를 물리치는 부적 같은 유물을 꼭 넣었다 ········ 102
사람은 흉한 일은 피하고 길한 일로 나아가려 집을 짓는다 ············ 111
환경이 좋은 동네라도 인심이 착하지 않으면 후회할 일이 생긴다 ········· 114
비를 부르는 용과 구름 문양으로 단청하다 ···················· 116
전각 현판의 검은 바탕은 불을 제압하려는 물 판이다················ 117
경복궁의 사대문은 각 방위를 상징하는 색을 써서 현판을 제작했다 ········ 120
사방을 지켜준다는 사신은 오래된 우리 한민족의 천문사상이다 ·········· 122
한양은 하늘의 별자리를 지상에 구현한 성리학의 도시다 ············· 126
사방을 지켜준다는 사신은 하늘의 28수 별자리다················· 144
세종대왕은 우리 땅에 맞는 독자적인 정확한 시간체계를 세웠다 ········· 148

불지종가 통도사의 단오절용왕제

부처님에 대한 존경심이 절로 우러나도록 잘 짜인 가람의 동선 ················ 157
절로 가려면 먼저 다리를 건너야 한다 ··· 166
진리는 늘 현장에 있다 ··· 172
절에는 왜 이리 용이 많을까? ··· 173
깨달음을 얻으려는 중생들을 극락세계로 인도해 주는 반야용선 ··········· 184
통도사의 모든 전각 사방 기둥머리에는 소금단지가 올려져 있다 ········· 189
불완전한 존재인 물고기가 지혜를 얻어 완전한 존재인 용이 되다 ······· 194
부처님의 진신사리를 모신 금강계단은 무덤의 형식이다 ························· 199
통도사 대웅전은 극락정토로 가는 반야용선般若龍船이다 ······················· 222
불 마귀를 제압하라, 항화마진언抗火魔眞言 ·· 228
통도사 단오 용왕제 ··· 232

법보종찰 해인사의 단오절 소금묻기와 문화행사

막 떠나려는 배, 해인사 ··· 243
배 모양의 땅에는 절대 우물을 파서는 안 된다 ······················· 253
불국토인 부처님의 세계로 들어가는 일주문 ··························· 255
천왕문은 봉황의 상서로운 기운을 받아들이는 문이다 ··········· 259
지공스님이 사찰을 지으라고 일찍이 점지해 준 땅, 가야산 ··· 266
계단 끝의 해탈문 너머는 불국토인 도리천이다 ······················· 268
사찰의 계단은 서로의 관계 속에서 존재한다 ························· 272
해인사에서 바다를 보다 ··· 280
삼라만상의 진리를 깨달아 선정에 든 부처님의 마음자리, 해인사 ·············· 285
법보종찰 해인사의 단오절 소금 묻기 행사 ····························· 288
유불선은 한국의 건축문화를 이끄는 동력으로 긴밀히 작용한다 ··········· 295
사찰의 화재를 예방하려고 남산의 산 이름을 매화산으로 바꿨다 ··········· 301
대적광전의 방향을 남산제일봉을 피해 서쪽으로 틀어 지었다 ··········· 306
화기를 제압하려고 남산제일봉 꼭대기에 소금단지를 파묻는다 ··········· 314

관악산의 화마를 제압하라

관악산의 화마를 제압하라

갑골문의 불 화火 자는 불이 타오르는 모양이다. 뾰족뾰족한 산의 모양을 닮았다. 더군다나 앞산은 오행으로 불의 방위다. 경복궁에서 보면 관악산은 바로 불이 활활 타오르는 산세다. 언제든 궁궐에 화재를 불러일으킨다고 여겨 내내 걱정거리였다. 화마로부터 궁궐을 지켜내려면 모든 수단을 동원해서 관악산의 화기를 억눌러야 했다. 숭례문 현판도 세워서 달고, 관악산 꼭대기에 못을 파는 등등.

광화문의 현판은 불을 제압하려는 물 판이다

현재 광화문 현판은 흰색 바탕에 검은 글씨다. 머지않아 본래 현판인 검은 바탕에 금색 글씨로 바뀔 것이다. 동양의 오행 사상에서 검은색은 물을 상징한다. 오행의 운행 원리로 보면, 검은색인 물이 붉은색인 불을 이긴다는 수극화水克火의 의미다. 광화문 현판의 검은 바탕은 물로써 관악산의 화마를 막아 궁궐을 지키겠다는 강력한 상징 체계다.

목조건축물은 불에 취약하다. 우리 선조들은 화재에 가장 취약한 목조건물을 지으면서 어떻게든 불로부터 집을 지켜내려고 했다. 화재하고의 눈물겨운 투쟁기다. 오죽했으면 불을 마귀에 빗대어 화마火魔라 칭했을까. 대체로 화재를 진압하는 직접적인 방법보다는 미리 예방하려는 상징적인 행위들이 주를 이룬다. 사람은 누구나 흉한 일은 피하고 좋은 일만 취하고 싶어 한다. 우리 선조들이 집을 짓고 살면서 행한 이런 화재 예방의 문화는 어떤 식으로든 한국 사상과 맞닿아 있다. 우리 전통 건축 속에서 화마를 막아 물리치려는 상징 체계들을 찾아 그 의미들을 되새겨보려 한다.

2010년 광화문을 복원하고 처음으로 불거진 문제가 현판이다. 당시 눈 밝은 기자가 갈라진 현판을 보고 사진을 찍어 보도했다. 당연히 "완공한 지 얼마나 되었다고 벌써 금이 갔냐!"며 부실시공이란 질타가 쏟아졌다. 당시 정권의 업적을 위해 무리하게 시공을 앞당기다 보니 생긴 사달이라고도 비난했다.

갈라진 현판 하나로 애써 복원된 광화문 자체에 의심의 눈길이 미치기도 했다. 대체로 광화문의 구축 원리 같은 본질보다는 인상비

평에 가까운 비난이 주를 이루었다.

몇 년 뒤에는 미국 스미스소니언 박물관에 소장된 구한말 광화문 사진이 소개되었다. 그 사진을 자세히 분석해보고, 현판의 바탕이 검은색이고 글씨는 금색이지 않을까 추측했다. 이번에는 광화문 현판이 잘못 복원되었다는 비판이 제기되었다. 그런데 왜? 현판의 바탕이 검은색이어야 하는지는 아무도 언급하지 않았다. 아니 아무도 언급하지 못했다고 하는 게 맞을 것이다. 그때까지도 현판의 상징 체계를 잘 몰랐던 것 같다. 고종 초에 경복궁이 복원되었으니, 우리는 불과 150여 년 전의 일도 제대로 검증하지 못한 채 복원 공사를 했다.

일제강점기와 해방이 되고 나서는 서양의 사조가 우리 사회의 주류를 이루고 있다. 한국의 전통은 단절될 수밖에 없었다. 우리는 지금도 서양 일변도로 교육받는다. 그러다 보니 우리는 우리의 전통이나 문화에 관해서는 스스로 문외한 지경이다.

터무니없이 복원된 광화문 현판

"터무니없다"라는 말은 우리가 흔히 쓴다. 터는 집이나 건물을 세운 자리다. 한국 전통 건축의 재료는 주로 목조와 흙이다. 통상적으로 습기를 예방하고 기둥 썩음을 방지하기 위해 기단을 쌓아 주춧돌을 놓고 그 위에 집을 짓는다. 화재로 집이 전소되어도 기둥을 세웠던 주춧돌은 흔적으로 남는다. 그 자리를 일컬어 터 무늬라 한다. 나중에 본래의 집을 복원하려 할 때, 터의 무늬는 아주 중요한 복원

흰색 바탕에 검은색 글씨로 잘못 복원된 광화문 현판.

근거가 된다. 그런데 그 터의 무늬를 무시하고 복원했다면 터무니없는 집이다. 이치나 조리에도 맞지 않는 제멋대로 복원된 집이 된다. 이런 근거 없는 집을 일컬어 "터 무니 없다"라고 하는 것이다.
본의 아니게 터무니없이 복원된 광화문 현판을 달고 요란한 경축 행사까지 했다. 우리 문화에 대해 잘 몰라 빚어진 민망한 일이었다. 최근에 일본 와세다대학교 도서관에 소장되어 있던 『경복궁 영건일기』 필사본 전 9권이 발견되었다. 2019년 서울역사편찬원에 의해 한글로 번역되어 나오면서 비로소 현판의 본래 의미를 정확히 알 수 있었다.
광화문 현판에 관해서는 『경복궁영건일기』 을축년(1865, 고종 2년)

2023년 10월 15일.광화문은 본래 현판인 물을 뜻하는 검은 바탕에 금색 글씨로 바뀌었다.

10월 11일 자에 자세히 기록되어있다. 글씨는 누가 썼고, 형태와 제작 방법과 장인 그리고 후원자들까지 기록되어 있다. 저녁 8시쯤 음식을 차려놓고 예를 올리며 현판을 달았다. 현판식은 필경 길한 날과 시간을 잡아 행했을 것이다. 진설한 음식과 의식을 거행한 사람들과 상량문 내용까지 자세히 기록해 두었다. 기록의 나라, 조선다운 치밀함이 엿보인다.

"광화문 현판은(서사관書寫官은 훈장訓將 임태영), 묵질墨質에 금자金字다. (편동片銅으로 글자를 만들고 십품금十品金 4냥쯤 되는 무게로 발랐다. 은장銀匠 김경록, 최태형, 김우삼 등이 원납했다.)
술시戌時에 광화문에 상량했다. 그 절차는 위에 보인다. 진설한 것은 베와 무명 각 10필, 대미 6섬, 소미 1섬, 돈 150냥이다. 헌관獻官은 훈련대장 임태영, 독 상량문관은 부수찬 홍긍주, 사향관은 형조 좌랑 오인태, 성균관 직강 이병연, 집사는 한성부 서윤 홍재원, 와서 별제 이상순이다."

다만, 위 날짜에는 현판을 왜 검은 바탕에 금색 글씨로 제작했는지 그 이유는 기록되어 있지 않다.

2년 후인 정묘년(1867, 고종 4년) 4월 21일 자에 작은 글씨로 그 이유를 간단히 써 놓았다. 책의 주제와 정확히 부합하는 내용이라 원문까지 아래 옮겨본다.

"교태전과 강녕전의 현판은 묵질墨質에 금자金字다.
(각 전당의 현판을 다 검은 바탕으로 함은 불을 제압하여 없애려 함이다.)
交泰殿 康寧殿 懸板 墨質金字
(各殿堂皆爲墨質取制火之埋)"

하지만 현판의 검은색이 불을 어떻게 제압한다는 것인지 그 원리를 설명해 놓지는 않았다. 이 책을 쓰는 이유다. 아마, 당시에는 음양오행 등이 일반상식으로 통했기에 모두 아는 일이라 여겼을 수도 있다. 해서 굳이 기록으로까지는 남겨 놓을 필요가 없지 않았나 싶기도 하다.

전통의 맥이 간신히 이어지다 보니, 지금의 후손들은 몇 단계를 찾아 들어가야 겨우 그 원리를 알아낼 수 있다. 세상일이란 게 알면 쉽고 모르면 어려운 법이니까. 경복궁의 얼굴격인 광화문 현판 하나를 제대로 검증하여 복원하는데, 우리는 꽤 오랜 시간이 걸린 셈이다.

우리는 한국인의 정체성이 담긴 우리 문화로부터 너무 멀리 떨어져 있다. 그동안은 먹고살기 바빴다는 핑계였다. 우리 자신을 송두리째 잃어버리기 전에 우리 문화에 담긴 의미를 스스로 꼭 챙겨야 하지 않을까 싶다.

광화문은 차라리 한 채의 소슬한 종교

광화문은 경복궁의 남문이다. 조선의 법궁인 경복궁의 정문이기에 웅장하고 화려하다. 좌우로 동십자각과 서십자각을 두어 유일하게 궐문 형식을 갖췄었다. 종갓집 대문답게 역사의 성하고 쇠함에 따라 부침도 참 많았다.

1395년 왕이 업무를 보고 쉴 수 있는 경복궁의 주요 전각들이 완공되었다. 이어 궁 둘레에 담을 쌓고 사방을 지켜준다는 사신에 맞춰 문을 내었다. 동쪽에 건춘문을 서쪽에 영추문을 북쪽에 신무문을 남쪽에 정문을 세웠다. 이로써 경복궁은 완전한 궁궐이 되었. 처음에는 통상적으로 남문을 일컫는 오문午門이라 불렸다. 한자로 말을 뜻하는 오午는 십이지 중 일곱 번째 지지다. 시간으로는 낮 11부터 오후 1시 사이다. 그래서 한낮 12시를 정오正午라 부른다. 정오를 기준으로 오전과 오후로 나누어진다.

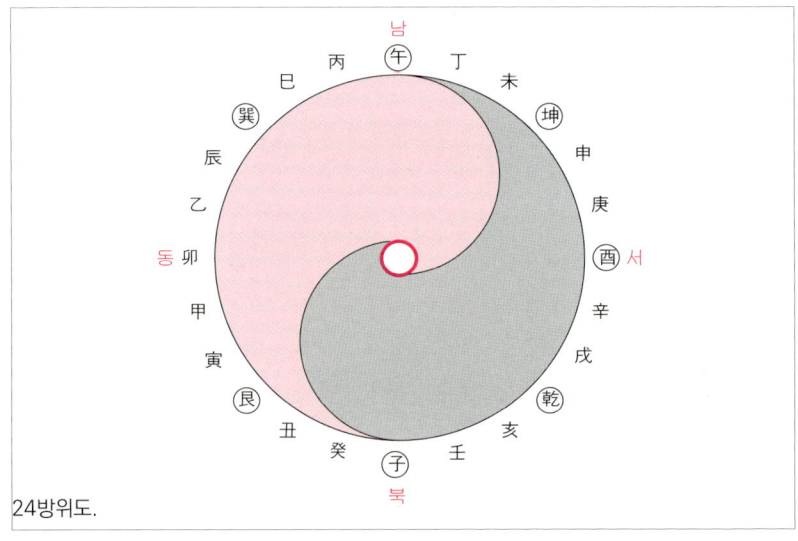

24방위도.

중국 북경 자금성의 정문인 오문.

24방위로는 정 남쪽이다. 경복궁의 남문이니 의당 오문이다. 많이들 중국 북경에 있는 자금성의 정문이 천안문인지 안다. 아니다. 자금성의 정문은 오문午門이다.

얼마 뒤 정도전에 의해 어진 이들이 드나드는 바른 문이란 뜻이 담긴 정문正門으로 이름이 바뀌었다. 세종 때부터 광화문이라 부르기 시작했다. 광화문은 세종실록 23권, 세종 6년(1424년) 3월 2일 무인. 5번째 기사에 처음 언급되었다.

"부엉이가 경복궁, 광화문에서 울고 또 근정전 들보에서 울다."

020 - 불 마귀를 제압하라

한국인들에게 광화문은 차라리 한 채의 소슬한 종교.

확인해 볼 사항은 세종실록 52권, 세종 13년(1431년) 4월 18일 임자 1번째 기사다.

"광화문이 완성되다. 光化門成"

수리를 한 것인지 중수를 한 것인지 확실치 않다. 『조선왕조실록』 태조실록에도 광화문이란 용어는 2번 검색된다. 이는 세종 때에 태조실록을 정리하면서 빚어진 오류일 것이다.
광화문이라는 이름은 집현전 학사들이 지었다고 전해진다. 광화문 光化門은 우리 임금의 빛나는 큰 덕이 온 나라의 백성들을 교화시킨다는 뜻이다. 『서경』 요전堯典 편에서 따 지은 것으로 짐작된다.

"요임금의 빛나는 덕이 사방에 널리 퍼져

하늘과 땅까지 감동시키다.

光被四表

格于上下"

광화문 2층 누각에는 종을 걸어 때를 알렸었다.
그로부터 200여 년 후, 임진왜란 통에 광화문은 전소되어 250여 년 동안 폐허로 방치되었다. 1865년 흥선대원군이 경복궁을 중건하면서 광화문도 다시 세워졌다.
일제강점기, 일제가 우리 문화를 말살하려는 술책에 광화문은 또다시 수난을 당했다. 1927년경에 조선 총독부 건물이 경복궁 근정문 앞에 들어섰다. 이때 광화문도 헐려 동쪽 건춘문 북쪽으로 쫓겨났

광화문 동쪽 길 한가운데 섬처럼 고립되어있는 동십자각, 곳곳에 총탄 자국이 보인다.

다. 자기 터를 떠난 건물은 문화재로서의 가치를 잃는 법이다. 해방되고도 광화문은 본래 자리를 찾지 못했다. 외딴곳에서 근근이 모양만 유지하다, 이번에는 6·25사변 통에 폭격을 맞아 대부분 불에 타버렸다.

광화문 동쪽 길 한가운데 섬처럼 고립 되어있는 동십자각을 볼 때마다 마음이 아프다. 돌로 된 벽면 여기저기에 총탄 자국이 선명해 동족상잔의 비극이 고스란히 느껴진다. 제자리에 가만히 서 있는 건물이 무슨 죄가 있기에 사람들로 인해 매번 이런 수난을 당해야 하는지 모르겠다.

1968년 광화문은 본래 서 있던 언저리 자리로 돌아왔다. 불에 타지 않고 남아있던 석축 일부를 가져오고, 문루는 목조문화재에 전혀 어울리지 않는 철근콘크리트구조공법으로 중건되었다. 문의 축도 근정전의 중심축에 맞춘 것이 아니라 당시 중앙청으로 쓰이던 구 조선 총독부 청사에 맞추었다. 그러다 보니 3.75도가량 축도 어긋났고, 본래의 자리보다 북쪽으로 11.2미터, 동쪽으로 13.5미터 정도 뒤로 물러난 곳에 문이 세워지고 말았다. 광화문의 현판도 박정희 전 대통령이 직접 쓴 한글로 바꾸어 달았다. 겉모습만 광화문이었지 모든 게 터무니없는 복원이었다.

2006년에 경복궁 복원 공사의 일환책으로 원형을 잃어버린 광화문 본모습 찾기 사업이 시행되었다. 콘크리트로 된 문의 전부를 해체했다. 대대적으로 터를 발굴 조사하여 본래의 광화문 터를 찾아내 원형에 가깝도록 복원 공사를 하였다. 이때 철거된 콘크리트 건물 일부는 서울역사박물관 마당에 보존해 두었다.

고종 때, 훈련대장 임태영이 쓴 글씨를 복원하여 현판으로 걸었다. 경복궁 사대문의 현판은 주로 무관들이 썼다. 아마도 문을 지키는 무관들의 사기를 북돋우고, 무인의 힘으로 문을 지킨다는 상징적인 의도가 아니었을까 싶다. 현판의 바탕색과 글씨 색의 고증이 잘못된 것도 모르고, 2010년 8월 15일 광복절에 맞추어 일반에 공개되어 현재에 이르렀다.

광화문이야말로 굴곡진 한국 역사의 산증인이란 생각이 든다. "광화문은 차라리 한 채의 소슬한 종교"라는 미당의 시구절이 자꾸 입에 맴돈다. 이 모든 건 건축을 중심으로 일어나는 이야기들이다. 건축은 삶을 담는 그릇이다. 담긴 삶들이 모이고 모여 곧 한 나라의 역사가 된다.

서울역사박물관 마당에 보존되어 있는 전 광화문 콘크리트 구조물들.

집에는 우리네 삶의 무궁무진한 이야기가 담겨 있다. 이런 집이 화재로 인해 한순간에 잿더미로 변해 삶의 터전을 송두리째 잃는 경우가 종종 발생한다. 그래서 예나 지금이나 화마로부터 집과 삶을 지켜내려 나름대로 상상 이상의 방편들이 쓰이고 있다. 어떻게든 화재를 막아내려고 눈물겹도록 무진 애를 쓴다. 어찌 보면 화재를 예방하는 실질적인 내용보다는 주술에 가까운 방편들로 보이지만, 그 의미를 찾아 들어가다 보면 전통사상과 만난다.

이런 다양한 방편들이 모여 독특한 우리만의 화재 예방 문화를 형성하고 있다. 우리 건축 애호가로서 불조심의 인문학을 기꺼이 찾아 나선 참이다.

광화문 앞 광장이 바로 명당이다

광화문 하면 먼저 떠오르는 이미지는 광장이다. 우리는 마당에 익숙하니 넓은 마당이다. 조선 시대 때에도 폭이 17미터가량 되는 육조거리가 조성되었던 곳이다. 예나 지금이나 광화문 앞 광장은 사람들이 서로 만나 얼굴을 보는 장소다. 애초부터 숙명적으로 그런 성질을 가지고 있는 터다. 밝아야 하는 곳이기에 모두 촛불을 켜 불을 밝히는 것이다.

"야, 대한민국 국민이 죄다 여기에 모인 것 같다. 나라에 무슨 일이 있을 때마다 사람들은 왜 광화문 앞으로 모여드는 걸까?" 지난 촛불집회 때, 한 친구가 내게 물었다.

"그야, 대한민국의 중심이기도 하고, 대통령이 근무하는 청와대가 가까우니까" 다른 친구의 대답이다.

"아니야, 이 터가 원래 그런 곳이야."라고 내가 단호히 말했다.

다들 의아한 표정으로 "그건, 뭔 소리야" 한다.

"광화문에 새겨진 팔괘를 본 적 있어?" 내가 물으니

"그런 게 광화문에 있어?"라며 다들 처음 듣는다는 반응이다.

"다음에 꼭 광화문 1층 석축과 2층 누각 사이를 자세히 살펴봐. 회색 전돌을 배경으로 문양이 장식되어 있고, 그 중간중간에 팔괘가 앞뒷면에 각각 3개씩 그리고 옆면에도 각각 1개씩 장식되어 있다고요."

"정말! 근데 그게 뭐 어째 다는 거야"

"팔괘니, 음양이니 그런 거 혹시 미신 아닌가?" 한층 더 떠 이리 말하는 친구도 있었다.

광화문 남쪽의 3괘, 가운데 불인 이괘와 동쪽은 바람인 손괘 서쪽은 땅인 곤괘.

후천팔괘 방위도

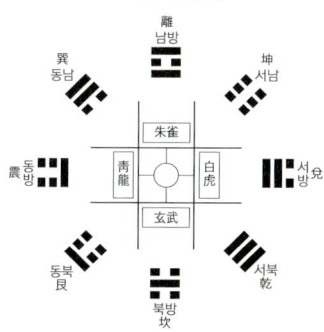

광화문 동쪽의 우레인 진괘. 　　　　　광화문 서쪽의 연못인 택괘.

광화문 북쪽의 3괘, 가운데 물인 감괘와 동쪽은 산인 간괘 서쪽은 하늘인 건괘.

관악산의 화마를 제압하라 - 027

참으로 답답한 노릇이다. 어디서부터 잘못된 것일까? 팔괘가 미신이면 우리나라 태극기는 뭐란 말인가. 태극기에 엄연히 음양을 상징하는 원을 중심으로 사방에 하늘 건乾 과 땅 곤坤, 물 감坎과 불 이離을 상징하는 4괘가 들어있는데 말이다. 더군다나 우리가 자랑스럽게 쓰는 한글의 창제 원리는 음양오행을 모르면 설명할 길이 없는데, 미신이라니. 이리 무지한 친구들을 어쩌나. 우리 전통에 늘 마음을 대고 살다 보니, 이런 문제와 맞닥뜨릴 때마다 내심 상처를 입는다. 어디서부터 바로 잡아가야 하는 건지 늘 노심초사다.

광화문에 장식된 것은 후천팔괘後天八卦다. 후천팔괘에는 일 년 사계절 변화에 맞춰 인간사의 흐름에 관한 이야기가 담겨 있다. 『역전』 설괘전說卦傳 5장을 보면, 이離 괘는 후천팔괘 중에서 정 남쪽 방위에 속해 밝음을 상징한다고 되어있다. 이괘는 불을 상징한다. 경복궁 남문인 광화문 정중앙에 불 괘를 새겨놓은 이유다. 한낮에 만물이 모두 만나 서로 보는 자리란 뜻이 들어있다. 특히 성인은 밝은 남쪽을 향해 앉아서 한낮의 태양처럼 세상을 밝게 다스려야 한다고 되어있다. 전제 조건은 먼저 천하의 소리를 다 들은 뒤에 밝게 다스리라고 했다. 임금은 반드시 남쪽을 향하여 앉아야 한다는 군주남면君主南面은 이괘에 근거하여 만들어졌다. 그래서 『논어』를 비롯한 동양의 많은 문헌에 등장하는 남면南面은 바로 천자나 임금을 상징하는 단어다.

조선이 건국되고 한양 천도를 단행할 때, 무학대사는 풍수지리에 따라 인왕산을 배경으로 동향한 궁궐을 지어야 한다고 주장했다. 자기 말을 안 들으면 200년 후, 나라에 큰 변고가 생긴다고 했단다. 바로 1592년 임진왜란을 두고 한 말이다.

태극기. 태극을 상징하는 원을 중심으로 하늘과 땅, 물과 불을 뜻하는 4괘가 위치한다.

이런 이야기는 차천로(1556-1615)가 쓴 『오산설림五山說林』에도 나온다. 여기서 좀 애매한 것은 이 글을 임진왜란 전에 썼는지 후에 썼는지 확인이 좀 어렵다는 것이다. 만약 임란 전에 썼다면 무학대사의 예언이 적중한 셈이고, 후에 썼다면 그저 호사가들이 짜 맞춰 지어낸 이야기쯤 된다.

반면, 유학자인 정도전은 군주남면의 궁궐을 주장했다. 임금은 반드시 남쪽을 향해 앉아야 한다. 백악산을 진산으로 좌로는 낙산, 우로는 인왕산, 앞에는 목멱산을 사신사四神砂로 삼아 궁궐을 지어야 한다고 주장했다. 결국 유학이 국시國是인 나라답게 정도전의 의견에 따라 지금처럼 남향한 경복궁이 지어졌다.

남향하고 있는 조선의 법궁 경복궁.

왕조시대에는 근정전 앞마당이 명당이었다면, 국민이 주인인 자유민주주의 시대에는 광화문 앞 광장이 명당이 된다. 밝은 마당에 모여 모두 불을 밝히고 한목소리로 밝은 사회를 만들자고 외치는 것이 그래서 아주 자연스러운 거다.

한국의 마당은 비어 있어야 제격이고 명당이 된다

개인적으로 바라는 것은 광화문광장 조성이다. 체코 프라하에 있는 바츨라프 광장 등을 벤치마킹하는 것도 좋은데, 우리 방식으로 광장을 꾸몄으면 좋겠다. 뭘 자꾸 세우고 꾸미려 들지만 말고, 온전히 비워두었으면 좋겠다. 한국의 마당은 비어 있어야 제격이고 명당이 된다. 중심은 블랙홀처럼 비워두어야 힘이 생긴다. 가능하면 흙으로 되어있으면 더 좋겠다. 하늘과 빈 마당의 흙이 서로 교통해야 좋은 기운이 생겨 온 나라에 만방으로 퍼질 것이다. 빈 광장이야말로 소통의 장이다.

 ㅈ텅 빈 광장 양옆으로는 창덕궁 금문교 앞에 있는 회화나무를 길게 심었으면 더 좋겠다.

한국의 전통 건축에서 안마당은 명당이다. 명당은 소통의 의미다. 요즘은 농경사회가 아니라서 그런지 혹은 서구의 영향인지 멀쩡한 마당에 잔디를 심어 정원으로 꾸미는 집이 많다. 더해서 마당 한가운데 나무를 심는 집도 있다. 이것은 한자로 나무가 갇혀 크지 못하고 괴로워하는 곤란한 곤(困)자가 된다. 통하지 못하고 갇힌 형국이다. 우리 전통에서 꺼리는 정원방식이다.

체코 프라하의 바츨라프 광장.

텅 비어 수시로 다양한 일이 벌어지는 마당을 꽉 채워 놓으면 집안에 복은 어디로 들어오나. 마당이 주먹을 꽉 쥐고 있는 형국이니 하늘이든 대문으로든 복이 들어와도 어찌 받을 수 있을까 싶다.

우리네 일상생활은 풍경도 오브제도 아닌 매일매일의 치열한 삶의 현장이지 않은가. 안마당은 바로 그런 다양한 일상생활이 중첩되고 채워져 한 가족사가 이루어지는 곳이다. 풍경으로만 머무는 곳이 아니다.

마당은 집 안팎이 교차 되는 공간이다. 비어 있어 늘 가변적이고 변화무쌍한 일들이 벌어지는 가장 한국적인 장소다. 가능한 한 비워두는 게 좋지 않을까 싶다.

경남 함양 정영창 가옥 마당.

일명 "명박산성"은 촛불을 이길 수 없다

광화문광장의 촛불집회 때, 촛불의 방향과 정부의 대응 방법 등을 단순히 오행의 운행 원리로만 살펴보았다. 우리 선조들이 궁궐의 화재를 예방하기 위한 대응 방법과 오늘날 촛불집회에 대응하는 정부의 대처가 엇비슷하게 느껴졌기 때문이다. 이 글을 써서 지인에게 의견을 물은 적이 있었다. 그런데 대뜸 진보니, 보수니 하는 진영논리로 접근해서 크게 당황했었다. 책의 주제가 물로 불을 억제하는 오행의 원리라서 곁가지로 "촛불집회"를 흥미롭게 살펴보았을 뿐인데, 나 원 참. 이는 동양에서 아주 오래전부터 회자하는 정치 대법에 가까운 음양오행 이야기다.

민주주의 시대, 국민의 소리는 정부의 대표인 대통령과 대립각을 세우기 일쑤다. "성은이 망극하옵니다."라는 착한 구호는 찾아보기 어렵다. 대신 "아니 되옵니다"에 늘 방점이 찍혀 시끄럽기 일쑤다. 정책을 견제하고 비판하는 촛불시위와 정부의 관계는 상생보다는 불과 물의 관계처럼 상극요소가 더 많다. 해서 촛불시위를 정부에 위협적인 화기인 불로 보았다. 의당 정부는 이를 막아내고 제어해야만 하는 물 같은 역할이다. 화재에 취약한 목조건물 같은 자리다. 노무현 전 대통령 탄핵 반대 시위는 여의도를 향한 촛불이었다. 국회에서 대통령을 향해 탄핵이라는 불화살을 쏘아댔다. 지지자들은 궁지에 몰린 대통령을 지키려 광화문을 등지고 국회를 향해 촛불을 들었다. 불로써 불을 막으려는 맞불 작전이었다.

이는 관악산의 화기를 막으려 광화문 현판에 빛 광光 자를 써서 맞불을 놓는 비보와 같다.

일명 "명박산성"으로 불리던 광화문 사거리에 설치된 컨테이너 차단벽.

2008년은 광우병 발생 위험이 있는 미국산 소고기의 수입을 반대하는 촛불시위가 열렸었다. 시위가 거세지자, 당시 정부는 광화문광장 사거리에 컨테이너를 2층으로 쌓아 차단벽을 만들어 세웠다. 그뿐만이 아니라 광장 좌우 측은 전경 버스로 차벽을 만들어 막았다. 원천적으로 시위대의 광화문광장 진입을 막겠다는 강력한 대책이었다. 건설에 일가견이 있는 정부다운 기발한 대처였다. 당시 촛불시위 참가자들은 이를 조롱하듯 "명박산성"이라 불렀다.

오행의 운행 원리로 보면, 이는 불이 쇠를 녹이는 화극금火克金의 형국이다. 불은 철로 된 컨테이너나 버스를 녹일 수 있으니, 끝내는 촛불이 강철로 된 차단벽을 녹여 이긴다. 국민의 소리를 강철같은 방법으로 틀어막는 것만이 능사는 아니다. 오히려 부드러운 흙 같은 마음으로 민심을 받아들이고 보듬어 주었다면, 촛불은 그런 정부를 살리는 작용을 한다. 이를 오행에서는 화생토火生土라 부른다. 또는 만물을 키워내는 봄꽃 같은 사랑으로 사전에 국민의 건강을 우선한 정책을 폈다면, 이런 시위는 애초에 일어나지도 않았을 것이다. 이는 봄에 핀 꽃이 여름에 열매로 맺어지는 목생화木生火의 원리다. 정부의 정책이 국민에게 이로움을 주는 가장 이상적인 상생의 순환 원리다. 정치는 불과 물처럼 다스림의 방법 문제다. 오행의 원리는 고래로부터 종종 정치 대법으로 활용되었다. 물론 건물의 화재를 예방하는 방법으로도 줄곧 활용되고 있다.

이번에는 박근혜 정부 때의 촛불시위를 주술적인 측면으로 살펴보았다. "피청구인被請求人을 대통령직에서 파면罷免한다."라는 헌법재판소의 결정으로 막을 내린 촛불시위였다. 국정농단國政壟斷, 대통령탄핵大統領彈劾, 인용認容, 기각棄却, 각하却下, 당시 대한민국을 가득 메운 말들의 성찬이었다. 그런데 어느 하나 만만해 보이는 단어가 없다. 비선 실세의 국정농단으로 나라의 앞날이 불확실했듯, 사실 일반 국민에게는 떠도는 말들조차 그 의미를 정확히 가늠하기가 쉽지는 않았었다. 왜일까? 일상으로 쓰이는 언어들이 아니었기 때문이었다. 통상적으로 정부의 정책을 규탄하고 반대하여 견제하는 시위 이상이었다. 역사적으로도 의미 있는 어마어마한 사건이었기 때문이다.

대통령을 낀 특정인들이 나라의 권력이나 이익을 독차지하려 하다 보니, 국정농단國政壟斷이란 탈이 났다. 언덕 농壟, 끊을 단斷의 농단壟斷은 가파른 언덕이란 뜻이다. 실제로는 이익을 독점한다는 의미

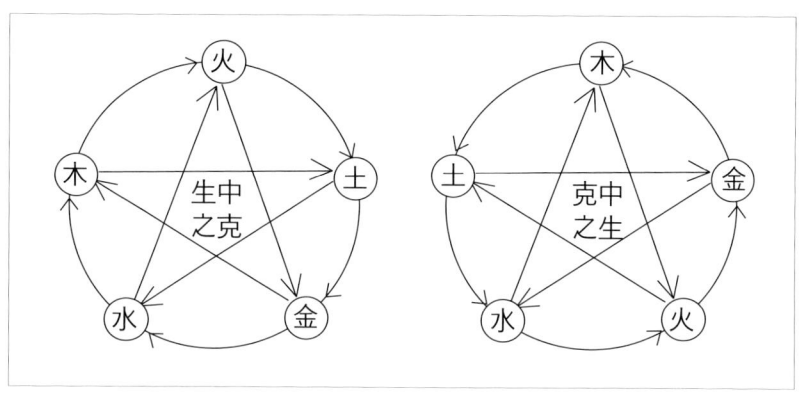

오행의 상생과 상극 관계.

로 쓰인다. 옛날에 어떤 사람이 시장 근처의 가파른 언덕에 올라가 시장을 살펴보고, 좋은 자리를 골라 싼 물건을 사서 비싸게 팔아 혼자만 이익을 독점하였다는 고사에서 나온 말이다.

이에 분개해 주권을 가진 많은 국민이 촛불을 들고 들불처럼 일어났다. 그들이 저지른 부정을 규탄糾彈하며 '대통령탄핵大統領彈劾'을 외쳤다. 잘못이나 허물을 잡아내어 따지고 나무라는 일을 규탄이라 한다. 탄핵彈劾은 죄상을 조사하여 꾸짖는 일로 잘못을 저지른 사람을 규탄한다는 뜻이다. 왕조시대에는 관리의 죄과를 조사하여 임금에게 아뢰는 일이라 탄주彈奏라고도 했다.

활 궁弓 변의 활 탄彈 자에는 죄를 바로잡는다는 뜻이 들어있다. 고대에는 명현鳴弦이라 해서 활시위를 울려 악귀를 물리치는 주술의 의미가 들어있는 글자였다. 촛불을 들고 함성을 지르는 규탄시위는 국정을 바로잡으려는 현대판 명현이라 할 수 있다.

캐물을 핵劾자를 파자하면 돼지해亥에 칼 도刀이다. 칼도刀 대신 몽둥이 수殳 변의 개殺 자와 통용되었던 글자다. 이는 몽둥이로 돼지를 때리는 형상으로 동물의 힘으로 사악함을 물리친다는 뜻이 들어 있다. 이 개殺자는 정월 묘일에 사기邪氣를 물리치기 위해 몸에 차고 다니는 강묘剛卯의 뜻이다.

원시시대에는 그릇에 벌레를 담아 서로 싸우게 하여 마지막까지 살아남은 놈에게 강력한 주술의 힘이 있다고 믿었다. 그릇에 벌레가 가득 담긴 벌레 고蠱자에 바로 그런 의미가 담겨 있다. 사람도 죽이는 사악한 힘이다. 그래서 고蠱자에는 남을 해치려는 목적으로 푸닥거리할 적에 쓰는 벌레 또는 술법이라는 뜻도 들어있다.

상대방이 그런 벌레의 영靈을 이용하여 나를 해치려 할 때, 이를 방어하기 위해 쓰인 것이 복숭아나무나 옥 등으로 만든 주술 막대였다. 막대에는 벽사의 문구를 새겼다. 주술 몽둥이로 모든 악귀를 물리치겠다는 의도다. 요즘 호신용 도구를 가지고 다니듯이 부적처럼 이 몽둥이를 허리에 차고 다녔다고 한다. 중국 한나라 때는 강묘剛卯라는 이름의 부적으로 불렸다.

탄핵彈劾의 핵劾자에는 바로 그런 주술적인 행위로 사악함을 때려 물리친다는 의미가 들어있다. 그 옛날 사악함을 물리치는 주술 몽둥이가 탄핵을 외치는 촛불로 치환되었다고 볼 수 있다. 민심이라는 촛불 몽둥이가 사사로운 욕심으로 잘못되어 가던 국정을 바로잡았다.

탄핵彈劾이라는 본래 의미가 21세기 대한민국에서 시공을 초월하여 대규모 촛불시위로 되살아난 셈이다. 맞불의 개념이랄까.

고대 그리스의 직접 민주주의처럼 광장에서 일어난 백성들의 따짐이었다. 당시 여론輿論의 힘은 컸다. 사회현상이나 정치적 문제 등에 대하여 국민이 나타내는 공통된 의견이 여론이다. 우리가 매일

접하는 아주 익숙한 단어다. 그런데 한자로 여輿자가 생뚱맞게도 수레나 하인을 뜻하는 글자다. 꽤 오랫동안 그 출처를 몰라 혼자 속을 끓였었다.

궁금증을 안고 살다 보면, 언젠가는 반드시 해답이 눈앞에 짜잔 나타난다. 마침내 김근선생이 옮긴 『여씨춘추』를 읽다가 그 뜻의 설명을 발견하고 무척 기뻤다. 감사드린다.

출처는 『좌전』 소공 4년이다. 바로 중국 주나라 때의 계급인 여인輿人에서 파생된 단어였다. 당시 여인輿人은 농사를 짓거나 병역을 담당하던 인구 밀도가 가장 높은 계층이었다고 한다. 그들의 말이 바로 다수의 의견이었다. 여인輿人의 공통된 의견이 바로 여론輿論이고 민심이었다. 거의 3천여 년 전에 만들어진 단어를 지금도 매일 접하고 살다니, 놀라웠다.

여론은 고대보다는 오히려 현대에 더 유용하게 쓰이고 있다. 현대 정치인들이 목매는 요술 방망이 같은 단어다.

국민의 뜻을 대리하는 국회에서 대통령 탄핵소추안을 헌법재판소에 냈다. 이를 인정하고 받아들인다는 인용認容으로 판결이 났다. 이로써 민주적인 정당한 절차를 통해 피청구인인 대통령은 파면되었다. 국민에 의해 어떤 물리적인 폭력도 없이 이루어진 우리 역사에서 보기 드문 무혈반정無血反正이지 싶다. 우리나라 민주주의의 척도를 가늠해 볼 수 있는 사건이었다.

백악산에서 본 서울 전경. 경복궁과 광화문 광장이 관악산을 마주하고 있다.

관악산의 화기를 막기 위해 숭례문의 현판을 세워 달았다

한자로 불화火 자의 갑골문을 보면 불이 타오르는 모양과 비슷하다. 불길이 솟아오르는 모습이 뾰족뾰족한 산의 모양을 닮았다. 불이 활활 타오르듯 험한 형상을 한 산을 그래서 불로도 본다.

한자로 불 화火 자와 뫼 산山 자의 갑골문은 닮았다.

집 앞에 그런 산이 있다면, 화기가 집에 미쳐 불이 난다고 여겨 매우 꺼렸다. 경복궁에서 보면 관악산이 바로 불이 활활 타오르는 형태의 험한 산세다.

관악산은 경복궁의 남주작南朱雀이다. 남쪽은 오행으로 불의 방위다. 불의 자리에 있는 산이 더군다나 불처럼 타오르는 형상이니, 관악산은 말 그대로 불덩어리다. 그 불기운이 언제든 궁궐에 화마를 불러올 거라고 늘 염려했다. 화기를 잔뜩 머금은 불의 산인 관악산은 언제든 궁궐에 화재를 불러일으킬 수 있어 내내 걱정거리였다. 그래서 화마로부터 궁궐을 지켜내려면 모든 수단을 동원해서 관악

숭례문은 한양 4대문 중 남쪽 문으로 관악산의 화기를 막기 위해 현판을 세워 달았다.

산의 화기를 억눌러야 한다고 굳게 믿었다.

어쩔 수 없는 상황이면 비보裨補를 했다. 풍수지리에서는 도와서 모자람을 채워주는 것을 비보라 한다. 관악산의 화기를 막으려는 비보들을 실제 문화재와 문헌으로 두루 살펴보려 한다.

먼저, 관악산과 경복궁 사이를 살펴보자. 한강과 숭례문 그리고 광화문과 해치에는 모두 관악산의 화기를 막아내려는 상징 체계들이 들어있다.

하늘의 은하수를 상징하는 한강의 물이 1차로 관악산의 불기운을 누그러뜨린다. 이는 자연적인 지리의 조화다. 마치 여름 불볕더위가 물기운 가득한 습도를 머금고 있고, 겨울 추위 속에 건조한 불기운이 들어있는 천시天時와 닮았다. 불 속에 물의 기운이 들어있고, 물속에 불의 기운이 들어있는 자연의 조화다. 서로 상대적으로 대립하면서도 상호보완적인 관계로 조화를 이루며 공존한다. 음양의 대표적인 속성이다. 관악산과 경복궁 사이에 놓인 한강의 물도 자연스러운 지리地理의 관계로 불과 물의 조화를 이루고 있다.

다음은 인력으로 만들어 낸 화재 예방책들이다. 한양도성의 남대문인 숭례문崇禮門 현판부터 보자. 현판들 대부분은 가로로 달려있다. 하지만 숭례문의 현판은 세로다. 무엇을 막아내려면 가로 형태가 유리할 듯한데, 숭례문의 현판은 일렬종대一列縱隊를 하고 있다. 돌진하는 공격적인 형태다. 숭례문의 숭崇 자에는 위에 뫼 산山 자가 들어있다. 관악산처럼 불이 타오르는 형상이다. 오상의 예禮 자도 불의 방위인 남쪽을 뜻한다. 곧 불의 상징이다. 세워진 숭崇禮 두 자는 바로 불꽃 두 개가 위로 타오르는 염炎 자를 상징하고 있다. 『서경』 홍범洪範 편에도 나와 있듯이 불은 위로 타오르는 염상炎

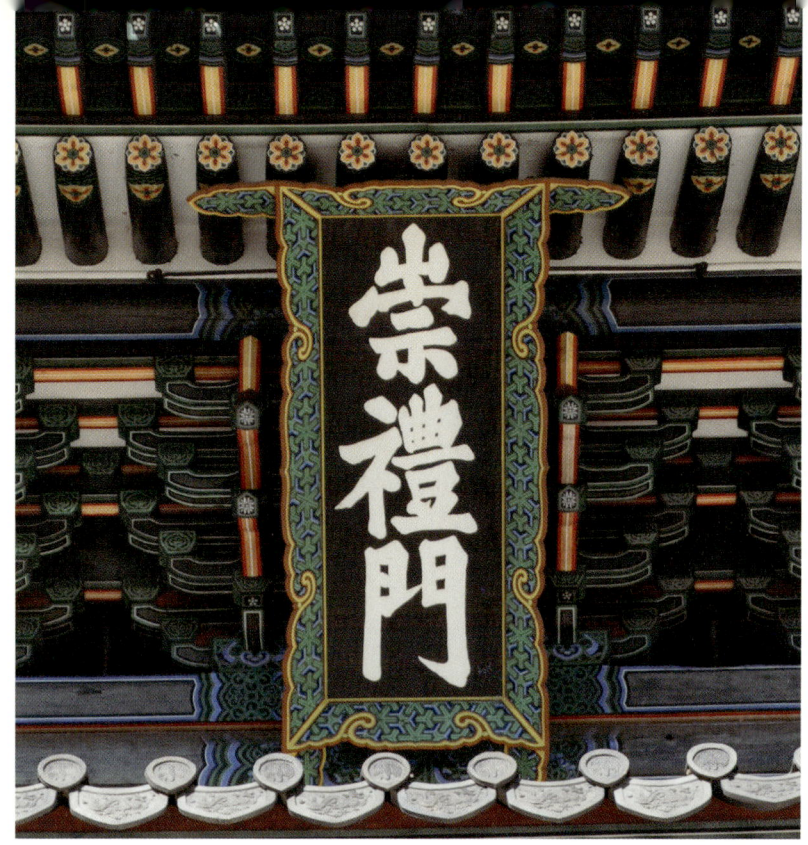

세워진 숭례라는 글자는 불꽃이 위로 타오르는 염炎 자를 상징한다.

上의 속성을 가지고 있다. 불이 활활 타오르는 모습을 극대화하려고 숭례문의 현판을 의도적으로 세워 단 것이다. 이는 관악산의 불기운을 막아내려는 강력한 맞불 작전이다. 세로로 단 숭례문 현판은 불로써 불을 제압하려는 화재 예방 문화재다. 지금은 흔적을 찾아보기 어렵지만, 조선 시대에는 남대문 앞쪽으로 연못이 있었다. 이 또한 물로써 불을 제압하려는 또 다른 이중의 비보 장치였다.

2008년 2월 10일 저녁 9시쯤, 숭례문에 불이 났다는 뉴스 속보가 떴다. 서울에서 가장 오래된 목조건물인 국보 1호에 불이 난 것이다. 숭례문은 1396년(태조 5년)에 공사를 시작하여 1398년 2월에 완공된 한양도성의 정문이다. 그 뒤 몇 번의 보수와 해체 수리를 거

치면서 본모습을 꿋꿋이 유지해 왔다. 1592년 임진왜란 때는 왜군이 무혈입성하는 치욕을 몸소 겪어내기도 했지만, 덕분에 지금껏 제자리를 지키며 잘도 서 있었다. 그런데 어이없게도 한 사람의 방화로 인해 하룻밤 사이에 잿더미가 되고 말았다. 더군다나 방화범은 2년 전에도 창경궁 문정전에 불을 질러 문화재보호법 위반으로 집행유예 기간 중이었다. 그 와중에 또 이런 참혹한 짓을 저지른 것이다. 무척 화도 나고 안타깝기 그지없었다. 화재의 주원인은 내부의 부주의와 안일함에 있음을 여실히 보여주었다. 나라가 망하는 것도 보면, 외부의 침략에 의한 것보다는 내부의 분열과 부패로 인해 스스로 무너지는 경우가 허다하다.

불을 마귀에 빗대면서까지 모든 방법을 동원하여 예방하고 물리치려 했던 조상들의 지혜가 새삼스럽다. 조선 시대 궁궐에 불이 나면, 임금은 하늘에 계신 조종祖宗의 혼령을 놀라게 하여 짐의 마음이 망극하다며 몸소 위안제慰安祭를 지냈다. 조상들이 물려준 귀중한 문화재를 화마로부터 지켜내지 못한 우리는 모두 죄인이다.

"이제부터 봉황의 무늬를 쓰지 않겠다." 이명박 전 대통령이 당선되고 청와대에 입성하여 얼마 뒤 뜬금없이 한 발언이다. 봉황은 남쪽을 상징하는 상상의 새다. 호사가들은 남쪽의 수호신을 노하게 하였으니, 남대문에 불이 난 거라며 수군거리기도 했다. 화재로 어지러워진 사람들의 마음을 잘 추스르지 못하면 민심도 이리 불처럼 사나워지나 보다.

소방관이 다급하게 2층의 숭례문 현판을 떼다 1층 바닥으로 떨어뜨리는 장면이 생중계되었다. 순간, 내 가슴도 덜컹 내려앉았다. 그때의 생생했던 기억이 지금까지도 내내 아프다.

광화문의 빛 광光자는 강력한 발광체다

경복궁의 남문인 광화문光化門을 살펴보자. 현판의 바탕을 검은색으로 한 것은 위에서 설명했듯이 물로써 불을 제압하려는 상징 체계다. 광화문 현판만 그렇게 한 게 아니라, 경복궁 주요 전각들의 현판도 검은 바탕으로 했다. 이들은 모두 남쪽 즉 관악산을 향한 전각들이다. 관악산의 화기를 염두에 두고, 물로써 불을 막아내려는 수극화水克火의 오행 원리다. 그래서 현판의 바탕을 물을 상징하는 검은색으로 쓴 것이다.

특히 주목해 본 것은 광화문의 빛 광光 자다. 더군다나 글씨도 불의 색인 금색이다. 광화문이란 글자 자체가 강력한 발광체다. 그 빛이 외부의 불빛을 되돌리는 반사체 거울 역할을 하고 있다. 이는 아이들 놀이처럼 "반사"다. 상대방이 나에게 공격해 대면, 그것을 그대로 반사해서 되돌려 주는 이치와 같다. 광화문이란 글자 자체는 발광체가 되어 관악산의 화기를 그대로 반사하여 버린다. 경복궁을 화마로부터 지켜내려는 의도로 내게는 읽힌다.

불로써 불을 물리치는 방식이다. 이는 한양도성의 남문인 숭례문의 현판을 세로로 단 이치와 같다. 앞에서도 설명했듯이 숭례崇禮라는 글자는 불이 위로 타오르는 염상炎上의 상징이다. 관악산의 강력한 불기운을 불로써 막는 맞불의 상징 개념이다.

광화문은 현판의 글자 자체가 발광체의 상징이다. 글씨의 붉은 색깔은 오행에서 불의 상징이다. 글자 자체의 빛 광光 자도 역시 불의 상징으로 볼 수 있다. 이중의 불로 관악산의 화가를 억눌러 제지하려는 맞불의 상징 체계로 보인다.

불을 먹어 치운다는 상상의 동물 해치獬豸

해치는 정의를 상징한다. 한 개 달린 뿔로 불의를 보면 들이받는 역할이었다. 해치는 원래 육조거리의 사헌부 앞에 세워졌던 상상의 동물이다. 사헌부는 육조거리 서쪽 삼군부와 병조 사이에 자리하고 있었다. 사간원, 홍문관과 함께 삼사에 속한 사헌부는 관리들의 비리를 감찰하던 기관이다. 왕은 왕권 강화를 위해 신하들의 권력을 견제하고 제약하려는 목적으로 사헌부의 규모를 일정하게 유지하였다.

왕은 북쪽에 앉아 남쪽의 신하들을 맞았다. 신하는 임금을 향해 북향 사배를 올렸다. 오행으로 북쪽은 물의 자리고 남쪽은 불의 자리다. 왕은 물의 자리에 앉아 늘 관악산의 불처럼 떼로 달려들며 왕권을 위협하는 신권을 막아내야 했다. 수극화水克火의 원리다. 해치를 앞세운 사헌부가 첨병 노릇을 했다.

그래서인지 조선 시대 사헌부의 수장이었던 대사헌의 관복에는 해치를 수 놓은 사각형 흉배를 붙였다. 사헌부를 비롯한 삼사의 상징적인 장식이었다. 이는 올곧고 정의롭게 정치를 하라는 상징물이다. 해치는 왕을 대신해 불처럼 위협적인 신권을 막아내는 물 같은 상징 동물이었다고도 볼 수 있다.

지금의 청와대에서 보면 경복궁 자체가 해치 역할을 한다. 촛불집회 때마다 경복궁은 물이 가득 고인 해자垓字처럼 집회자들의 접근을 막고 있기 때문이다. 왕의 상징이던 궁궐이 자유민주주의 시대산 권력의 방패막이 역할을 해주고 있는 셈이다. 같은 기운끼리는 서로 찾는 원리라고나 할까. 동기상구同氣相求라고 『역전』에 나오는

광화문 좌우에 배치된 상상의 동물 해치, 현재는 서울의 상징 동물이다.

원래 사헌부 앞에 배치되어 있던 해치는 불의를 보면 들이받는 정의의 사도였다.

관악산의 화마를 제압하라 - 051

문구다.

민간에서 해치는 불을 먹어 치우는 상상의 동물로 여겨졌다. 지금은 육조도 사헌부도 없으니, 광화문을 복원하면서 좌우에 놓이게 되었다. 자연스레 궁궐을 지키면서 관악산의 화기를 막는 수호 동물로 사람들에게 인식되고 있다. 그래서인지 광화문 석축 위 좌우에도 앞을 응시하고 있는 한 쌍의 해치처럼 보이는 상상의 동물이 놓여있다.

궁궐뿐만 아니라 서울 조계사 대웅전 앞에도 사방을 상징하는 네 마리 해치가 놓여있다. 문화는 이리 서로 영향을 주고받으며 관계를 넓혀가며 발전해 간다. 해치는 벽사辟邪의 상징 체계다.

서울 조계사 대웅전 앞에도 사방을 수호하는 네 마리 해치가 놓여있다.

이중로 초상, 조선시대 중기 1625년(인조3년)경. 해치문양 흉배를 하고 있다.

불 마귀는 드므 물에 비친 자신의 흉측함에 놀라 지레 도망을 친다

궁궐의 주요 전각 월대 귀퉁이에는 무쇠로 만든 드므가 놓여있다. 높이가 낮고 넓적하게 생긴 독으로 방화수를 담아두는 용기다. 지금은 비어 있어 답사를 온 어린 학생들은 궁궐의 휴지통쯤으로 여기기도 한다. 솥단지만 한 드므에 담긴 물로 어찌 대궐의 불을 끌 수 있을까 의아하게 여겨진다. 물론 초기 진화에는 작은 도움이 될 수도 있을 것이다.

드므도 역시 화재 예방을 위한 상징적인 도구다. 마귀 같은 불이 궁궐로 오다가 드므 물에 비친 제 모습을 보도록 하는 장치다. 마귀처럼 흉측한 자기 모습을 보고 지레 놀라 도망가게 한다는 주술적인 의미를 담고 있다. 사전에 화마火魔를 물리치겠다는 경계의 의도다. 드므는 궁궐 전각에 불 마귀의 접근을 아예 처음부터 막아 버리겠다는 소방수 같은 상징물이다.

덕수궁 중화전의 드므. 화재 예방을 위한 상징 도구다.

창덕궁 낙선재 누마루 아래 아궁이 벽면에는 빙렬 무늬가 붙어 있다.

부엌에 갈라진 얼음 문양을 장식해 불조심을 상기시켰다

이 밖에도 궁궐에는 화재를 예방하려는 "불조심" 같은 상징들이 더 있다. 창덕궁 낙선재 누마루 아래 아궁이 벽면에는 빙렬氷裂 무늬가 있다. 빙렬은 얼음의 표면이 갈라진 실금 모양의 무늬다. 금방이라도 얼음이 갈라지며 내는 서늘한 소리가 들리는 듯하다. 차가운 얼음 문양을 통해 화기를 물리치려는 주술적인 상징 체계다. 매일 불을 다루는 부엌에 강렬한 얼음무늬를 새겨 붙였다. 이는 자나 깨나 불조심을 상기시키는 표어 같은 역할이다. 추상화처럼 보이는 빙렬 문양은 지금 보아도 부엌 벽면 장식으로도 손색이 없어 보인다.

창덕궁 낙선재 누마루 아래 아궁이 벽면의 빙렬 무늬, 화마를 물리치려는 상징물이다.

주춧돌 위에 기둥을 세우기 전에 소금을 넣기도 한다

한국 전통 건축은 목조건축이 주다. 통상적으로 습기를 예방하고 기둥 썩음을 방지하기 위해 기단을 쌓아 주춧돌을 놓고 그 위에 집을 짓는다. 기단 위에 작은 막돌을 깔고 다져 지반을 안정되게 한 다음, 그 위에 주춧돌을 놓는다. 주춧돌은 돌의 가공 여부에 따라 막돌과 다듬은 돌로 크게 나뉜다. 막돌은 자연 상태의 돌을 사용하는 것으로 '덤벙주초'라고도 한다. 막돌 주춧돌은 말 그대로 막 생겼으니 그 위에 기둥을 그대로 얹을 수는 없다. 그래서 나무 기둥 밑면을 울퉁불퉁한 돌에 맞춰 깎아내는데, 이 작업을 '그랭이질'이라고 부른다.

주춧돌 위에 기둥을 세우기 전에 소금을 넣기도 한다. 이는 습기 예방과 집의 화재를 예방하려는 주술적인 의미를 내포하고 있다. 오행의 오미로 보면 짠맛인 소금은 물을 상징한다. 즉 물로써 불을 물리치려는 상징 체계다. 그래서 사찰의 화재 예방행사에는 모두 소금이 활용된다. 소금으로 화마를 물리치는 이야기는 사찰 편에서 다룰 것이다.

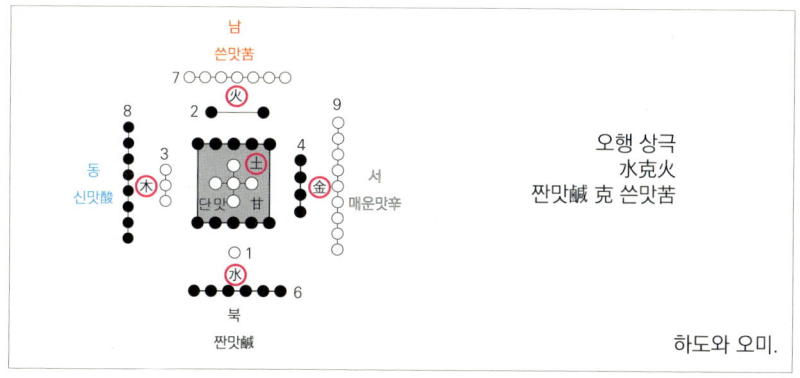

하도와 오미.

배의 깃발을 근정전 월대 위 사방에 꽂아 관악산의 화기를 막아내다

이제부터는 문헌상에 기록된 화재를 예방하기 위한 비보들을 살펴보겠다. 먼저 『경복궁영건일기』에 나와 있는 내용이다.
『경복궁영건일기』는 고종 때 경복궁을 중건하면서 기록한 문서이다. 통훈대부 행 한성부 주부 원세철이 주관하여 기록했을 것으로 추정된다. 매일매일 일기 형식으로 기록하여 총 9권으로 이루어진 책이다. 을축년乙丑年인 1865년(고종 2년) 4월부터 무진년戊辰年인 1868년(고종 5년) 7월까지 3년 3개월 윤달 포함 총 42개월 동안의 기록이다.
현재 필사본 전권이 일본 와세다대학 도서관에 소장되어 있다. 이 필사본을 토대로 2019년에 〈서울역사편찬원〉이 번역하여 낸 『경복궁영건일기』 1, 2권을 보면, 곳곳에 궁궐의 화재를 예방하기 위한 비보들이 나온다.
대부분 궁궐 내 화기를 미연에 방지하려는 상징 체계들이다. 물로써 불을 제압하려는 상징성을 갖는다. 궁궐의 화재를 예방하려는 염원이 담긴 상징 체계들을 살펴보겠다.

> 을축년(1865, 고종 2년) 5월 6일 맑음.
> "호남 법성창에서 배로 물건을 실어 나르는 일을 하는 조졸漕卒 320명이 배의 깃발 18개를 앞세우고, 닻줄을 끄는 방식으로 궁궐 안에서 베어낸 나무들을 근정전 앞뜰로 옮겨 쌓았다. 110명의 무리는 큰 북소리에 맞춰 닻 푸는 노래를 부르며 일하는데, 그 소리가 큰 북소리보다 높았다.
> 대원위는 '배의 깃발인 주기舟旗는 곧 물을 잠재우기도 하고 또 다니게도 하니,

물을 다스리는 물건으로 능히 관악산의 화성火星을 제압할 수 있으니, 근정전 월대 위 사방에 꽂아 영원히 머물게 하라'며 이들에게 18필의 무명과 20냥의 상을 넉넉하게 내렸다"

1865년 고종 2년 4월부터 경복궁 복원 공사를 시작했으니, 공사 시작부터 궁궐의 화재를 예방하기 위한 행사를 벌인 것이다.
특이하게도 배의 깃발을 바람이 아닌 물을 다스리는 상징으로 보고, 경복궁의 중심 건물인 근정전 월대 위 사방에 꽂아 두었다. 물을 다스린다고 여기는 배의 깃발이 불을 막아주는 부적 같은 도구로 사용되었다.
 관악산의 화기를 막아내겠다는 강력한 의지이자 염원이었다. 아마도 이 배의 깃발은 공사가 끝날 때까지 근정전 월대 위에서 펄럭였을 것이다.

경회루 연못에서 옥돌로 된 부적이 발견됐다

을축년(1865, 고종 2년) 5월 25일 맑음.
경회루 연못의 진흙을 파내던 중에 옥으로 된 돌을 발견했다. 다음과 같은 내용이 새겨져 있었다.
"하늘이 낸 성군께서 옛 전각을 고쳐 세우고
불이 알아듣도록 타일러 주려고 관악산 꼭대기에 못을 팠다.
동쪽에 있는 요망한 일본을 돌처럼 단단한 우리나라가 꾸짖어 누르고
삼각산의 봉황이 춤을 추니 국운은 길이길이 영원하리.

진정으로 임금에게 바치는 사람은 가히 어진 사람이리라.

天生聖主建修舊展

火君?慰堀井冠頭

東嶽妖氣石狗吠壓

三角鳳舞國祚長遠

眞是上獻人玉可賢"

둘째 연의 세 번째 글자가 떨어져 없어졌다. 문맥의 흐름으로 보아 '타 이르다'라는 뜻이 들어있는 효曉자의 유실로 보고 자의적인 해석을 해보았다. 그러면 '관악산의 불이 알아듣도록 타이르기 위해 산꼭대기에 우물을 팠다'로 해석된다. 관악산의 불을 향해 경거망동하지 말고 자중하라는 강력한 경고를 한 것이다.

산꼭대기에 우물을 판다고 샘물이 솟아나기는 어려울 것이다. 다만, 활활 타오르는 불길 꼭대기에다가 우물을 팜으로써 강력한 상징성을 부여하였다. 불을 제압하려는 간절한 염원이다. 산 정상에 우물을 팠다는 것은 다분히 화기를 억눌러 제지하려는 상징적인 행위다. 실제로 관악산 꼭대기에 육각형으로 못을 팠다.

세 번째 연의 해석이 좀 어렵다. 직역하면 '동악의 요망하고 간사스러운 기운을 돌 개가 짖어 누른다.'이다. 무슨 뜻인지 얼른 감이 잡히지 않는다. 이때 개를 주역의 후천팔괘 중 간괘艮卦로 보면, 우리나라로 유추된다. 산을 뜻하는 간괘는 동물로는 개의 상징이다. 동북방인 간방艮方은 예로부터 우리나라로 불리었기 때문이다.

동악東嶽은 경주의 토함산이나 금강산을 주로 말하는데, 요망하고 간사스럽다고 했으니 두 산을 의미할 리는 없다. 그러면 자연스레 일본이 연상된다.

유추하여 해석해 보면 '동쪽에 있는 요망하고 간사스러운 일본을 돌처럼 단단한 우리나라 조선이 꾸짖어 누르고'가 된다. 역시 자의적인 해석이지만, 전체 문맥으로 보아도 그리 어색하지는 않다. 이리 해석해 놓고 보니 어쩐지 내 속이 다 후련하다.

경회루 연못의 물길도 관악산을 향하도록 냈다

병인년(1866, 고종 3년) 7월 1일 맑음.
"경회루 수구水口를 처음에는 서쪽으로 냈다. 남쪽 제방의 둑을 쌓아 다질 때, 남쪽 가장자리 근처에서 옛 수로를 발견하였다. 옛사람들이 관악산 화성火星의 성질을 제어하려고 그렇게 만들었을 것으로 생각되었다. 옛 방식대로 수구를 고쳐 다시 냈다."

경회루 연못 복원 공사를 하면서 수로를 서쪽으로 이미 내었는데, 공사 중에 옛날 남쪽 수로를 발견하였다. 옛사람들이 남쪽으로 물길이 향하도록 수구를 낸 것은 다 관악산의 불기운을 막으려는 의도였다. 그래서 서쪽으로 낸 수로를 고쳐 옛 방식대로 다시 남쪽에 냈다는 내용이다.

경회루 연못의 물길을 남쪽으로 내어 마주 보이는 관악산의 화기를 물리치려 한 것이다. 수극화의 원리다. 경복궁은 연못의 물길 하나도 모두 관악산의 화기를 제압하려는 목적으로 만들었다. 자나 깨나 오로지 불조심이다.

경회루는 경복궁의 화재를 예방하려는 목적으로 지어진 물의 상징 정자다.

경복궁 복원공사 중에도 몇 차례 불이 났다

그러함에도 불구하고 경복궁 복원 공사를 하는 중에 몇 번의 화재가 발생했다. 기록 중에서 2건을 소개해 본다. 특이하게도 불을 화성火星, 화신化神을 의미하는 낯선 단어인 회록回祿 등으로 좀 높여 고상하게 표기하였다는 점이다. 어르고 달래서라도 불의 재앙災殃에서 벗어나려는 두려운 심리가 작용한 것처럼 느껴진다.

을축년(1865, 고종 2년) 8월 4일. 동틀 무렵부터 신시까지 비, 수심은 1치 6푼.
"지난밤 축시에 광화문 동쪽 석수들의 임시거처인 애막艾幕 12칸에서 화재가 [回祿] 발생하여 광화문 터에 임시로 허름하게 지은 집 28칸까지 번졌다. 갈고 닦아놓은 홍예석虹霓石 14 괴塊가 그을리고 벗겨져서 떨어져 나갔다. 이미 쌓은 선단석縇端石의 겉면이 모두 연기에 그을렸으므로 힘들여 다시 다듬었다. 제대로 단속하지 못한 수직守直 장졸들을 문초하여 징계하였다."

정묘년(1867, 고종 4년) 2월 9일. 맑음.
"본 도감에서 계를 올렸다. 오늘 유시酉時 경, 본 도감 별간역別看役과 원역소원役所 그리고 나무를 다듬는 천막과 다듬어 놓은 목재가 다 불에 탔음에 감히 계를 올린다. '알았다.'라고 전교하였다.
이날 마침 서북풍이 크게 불었다. 지키는 군인들이 부주의로 저녁 무렵 불을 냈는데, 별간역 처소로부터 시작되었다. 영추문으로부터 건춘문 안의 돈을 두는 창고와 잡동사니 창고까지 번졌다. 이에 수 채의 임시 건물에 마련해 두었던 사정전 남쪽 행각과 각사에 세울 재목이 모두 다 타버렸다. 건춘문 남쪽으로 20여 칸 떨어져 쌓여있던 서까래에도 역시 불길이 번져 타들어 갔다.

대부분 마른 풀로 임시로 지은 건물들 천여 칸이 겹겹이 겹쳐 잇닿아 있고, 불과 바람이 맹렬하였다. 그러니 소방 장비가 있어도 어찌 나아가 달라붙어 불을 끌 방법이 있었겠는가? 오직 전각의 화재를 피한 것만도 참으로 천만다행이다. 그러나 이후에 지어야 하는 목재를 다시 모두 새로 베어 사용해야 하는 지경이 되었으니, 심히 답답하고 매우 다급하게 되었다.

근정문 동남쪽 모퉁이의 공사를 하기 위해 설치한 뜬 사다리 쪽에도 불이 붙어 황급했다. 이때 한 쑥대머리가 자기 옷을 벗어 진흙이 섞인 물을 적셔 불을 후려쳐 꺼서 다행히 정문을 건질 수 있었다. 불이 꺼진 뒤에 그 사람이 자취를 드러내지 않아 찾으려 했으나 찾지 못했다.

계사청 사환군 김용복은 본청의 전후 문서와 장부를 찾아냈고, 벽 위에 있던 일상의 문자까지도 찾아내 한 종류도 남김없이 큰 이불에 싸서 가지고 나왔다. 이때 옷에 불이 붙는 바람에 그을리고 데어 살결이 문드러진 데가 많았다. 미처 어찌할 수 없는 가운데도 허술한 구석 없이 매우 찬찬하게 대처했으니, 가상히 여겨 무명 1필과 돈 3냥을 상으로 주었다. 대체로 보아 주청籌廳에서 각 방의 문서와 장부를 관리하는데, 만약 이 문서들이 불에 타 없어졌다면, 각 방에 비록 문적文蹟들이 보관되어 있다고 해도 어찌 헷갈려 어지럽지 않았겠는가? (이 날 당상 이원희, 이방 감조관 조성화가 숙직했다.)"

그 뒤로 며칠 동안의 일기는 화재가 발생한 연유를 조사하여 잘못을 밝혀내려는 기사가 보인다. 해당 청의 숙직하던 무리를 모두 형조로 불러 엄히 조사하였지만, 줄곧 변명하면서 끝내 바른대로 말하지 않았다. 엄히 처벌함이 매우 마땅하겠지만, 위에서 하교하신 바가 있어 원인을 조사치 말고 그만두는 것으로 흐지부지 결론이 났다. 화재로 많은 재목을 태워버려 난감한 상황이 되어 버렸다. 이제부터는 호조 판서가 날마다 현장에 나아가 전담 감독하여 조속히 공역을 마치도록 하라는 독촉 전교가 내려졌다.

예나 지금이나 사고 뒷수습은 미흡하고, 안전보다는 서둘러 공기 맞추기에 급급한 것이 똑같아 보인다. 불은 역시 예방만이 최선책이다.

관악산 꼭대기에 6각형의 우물을 파다

병인년(1866, 고종 3년) 1월 6일 맑음.

"일터에서 일꾼들을 거느리는 패장牌將 훈교 정응현을 관악산 꼭대기로 보냈다. 당일 오전 9시에서 11시 사이인 사시巳時에 나무를 베어 숯을 만드는데, 가마솥을 산 정상의 정북방인 자방子方에 묻어 숯을 6섬[六石] 손에 넣었다.

이달 26일 사시에 근정전의 술해방戌亥方과 경회루 연못의 북쪽 제방 위에 감괘坎卦 모양으로 땅을 파고, 이 숯을 묻어 관악산의 화기를 없애는 용도로 썼다. 대개 서북방인 술방戌方은 불의 고장庫藏이 되고, 해방亥方은 불의 포절胞絶이 되기 때문이다.

또 관악산 꼭대기에 우물을 파게 했는데, 돌의 표면은 6각형으로 뚫었고, 못의 지름은 3자[三尺] 정도고, 깊이는 2자 남짓이다.

遣牌將(訓校 鄭應賢)于冠岳上峯 當日巳時 伐木造炭 釜于山頂之子方埋 炭取六石 是月二十六日巳時 堀地如坎卦形於勤政殿之戌亥方慶會樓池北堤上 以埋之用泄冠岳火氣 盖戌爲火之庫藏 亥爲火之胞絶故也.

冠岳山山頂亦爲堀井 石面鑿六角 池圓徑可三尺深二尺餘."

한양의 전주작인 관악산은 궁궐에 화재를 일으키는 불의 산으로 늘 근심거리였다.

짧은 기록이지만, 물로써 불을 제압하려는 상징적인 의미들로 가득하다. 동양의 사상과 원리가 함축된 문장들이라 좀 어렵다. 지금 우리에게는 마치 무슨 암호문처럼 읽힌다. 참고로 원문도 옮겨 놓았다. 어려워 보이는 문장들이지만 하나씩 풀어보겠다. 성리학이 국시였던 조선을 이해할 수 있는 흥미로운 구석도 많다.

먼저, 결론부터 밝히는 것이 전체 문맥을 이해하는 데 도움이 될 듯하다. 위 일기를 한마디로 요약하자면, 경복궁의 화재를 예방하기 위해 관악산의 화기를 애당초 물로써 굴복시켰다는 얘기다.

오행으로 보면 한양 남쪽의 관악산은 불의 방향이다. 더군다나 관악산의 생김새도 불이 활활 타오르는 형상이다. 경복궁의 앞산이 화마를 닮았으니, 조선 조정에서는 늘 근심거리였다. 언제든지 궁궐에 불티가 날아들 수 있는 매우 위험한 산이라 여겼다. 어떻게든 관악산의 화기가 궁궐에 미치지 못하도록 막아 물리쳐야 했다.

그러기 위해서는 불을 끌 수 있는 물이 필요하다. 동양사상에서 숯의 검은색과 우물의 6각형은 모두 물을 상징한다. 이런 물의 상징으로 관악산의 화기를 잠재우는 의식을 행한 것이다. 불처럼 타오르는 관악산 꼭대기에 물을 들이부어 화기를 제압하는 상징적인 액막이 행사였다. 액땜을 위해 관악산 꼭대기로 사람을 보내 정해진 일시와 장소에서 6섬의 숯을 굽게 했다. 또 그 숯을 가져다가 궁궐에 땅을 파고 묻게 했다. 그뿐만이 아니라 관악산 꼭대기에 육각형으로 우물을 파게 했다는 내용이다. 모두 물로써 불을 제압하는 행위였다. 관악산의 화기를 억눌러 화재로부터 궁궐을 지켜내려는 나름의 예방책이었다.

현대인들에게는 도저히 설명할 길이 없는 수수께끼처럼 들린다. 도대체 왜, 이런 일을 그것도 나라의 관리를 시켜서 했을까?

숙종 때, 장희빈에 관한 사극이 연상된다. 희빈 장씨는 연적 인현왕후를 미워해 은밀히 흉악한 저주 의식을 행했다. 짚이나 헝겊 등으로 만든 사람의 형상을 제웅이라고 한다. 희빈은 왕후 닮은 제웅을 만들어 바늘로 마구 찌르며 죽으라고 저주를 퍼부었다. 제웅을 왕후 처소 처마 밑에 몰래 파묻기까지 했다. 상대방을 저주하고 해코지하려는 흑주술이었다. 그뿐만이 아니라 굿까지 하며 상대를 향해 온갖 저주를 퍼부었다. 질투에 눈이 먼 희빈 개인이 저지른 은밀한 저주 의식이었다.

하지만 관악산에 관한 기록은 국가에서 정식적으로 행한 정사였다. 궁궐의 화재를 예방하기 위해 동양사상에 근거한 상징적인 행위였다. 그러니 내용을 하나하나 구체적으로 살펴 의미하는 바를 정확히 알아보아야 한다. 두 이야기의 목적하는 바는 확연히 다르지만, 이야기의 서사 구조는 비슷하다.

우선 일기의 행사 날짜와 시간이다. 숯을 굽는 행사 날짜도 그냥 잡은 게 아니다. 1월 6일이란 숫자에 주목해야 한다. 숫자로 1과 6은 바로 하도河圖에서 물을 생성해 내는 수들이다. 오행의 물로써 불을 제압하는 수극화의 원리에 맞춰 행사 날짜도 잡았다.

다음 오전 9시에서 11시를 가리키는 사시巳時란 시간이 무슨 의미로 쓰였을까? 그 시간에 맞춰 관악산 꼭대기에서 숯을 굽고, 며칠 후 똑같은 시간에 그 숯을 경복궁 근정전과 경회루지에 묻었다. 왜 하필 사시일까? 두 가지 상반된 의미로 읽힌다. 하나는 불의 의미고 다른 하나는 물의 의미를 지닌다.

먼저 불의 의미다. 근거는 십이소식괘十二消息卦에서 찾아야 할 것 같다. 십이소식괘로 보면, 남동쪽의 사시는 양효陽爻로만 이루어진 중천건重天乾䷀괘의 자리다. 양의 기운이 가장 왕성한 시간이다. 최고로 뜨거운 불의 시간이라고 볼 수 있다. 관악산 꼭대기의 가장 센 불기운을 모두 모아 숯으로 구워내 없애려 한 것이다.

또 다른 의미인 물의 측면에서 살펴보자면, 사시巳時는 십이지 순서로 여섯 번째다. 6은 바로 물의 숫자이다. 여기서는 불보다는 물의 의미로 읽힌다. 행사 날짜와 시간까지 물을 상징하는 일시로 잡았다고 보는 것이 합리적인 추론이다. 오로지 화마를 제압할 수 있는 물이 행사의 중심이기 때문이다.

관악산의 화기를 모두 모아 숯으로 구웠다. 불은 위험하니 처음부터 물을 사용하여 다뤘다. 그래서 물을 상징하는 날짜와 시간과 장소와 색깔과 수량을 선택했다. 행사 택일인 1월 6일의 1·6수, 시간인 사시는 십이지의 여섯 번째, 숯을 얻기 위해 가마솥을 묻었던 자방子方은 북쪽으로 물의 방위, 숯의 검은색, 구워낸 숯의 수량 6섬, 이 다섯 가지는 모두 하도와 오행에서 물의 상징 요소들이다. 날짜와 시간과 장소와 물질의 색과 수량 모두 물을 상징한다. 좀 헷갈릴 수 있으니, 다시 한번 찬찬히 내용을 반복해 살펴보겠다.

관악산 꼭대기에서 관악산의 화기를 모두 모아 숯을 구웠다. 구워진 불덩이 숯은 바로 물속에 가둬 꼼짝달싹 못 하게 해야 한다. 숯은 검은색이다. 북방의 검은색은 바로 물을 상징하는 색이다. 관악산의 화신을 숯으로 구워내는 순간, 동시에 물에 가둔 것이다. 위험하기 짝이 없는 불 기운이 밖으로 새어 나오면 안 되니까 곧바로 물속에 집어넣은 것이다.

다음은 방위다. 숯을 굽는 가마솥을 물의 방위인 북쪽 자방에 묻었

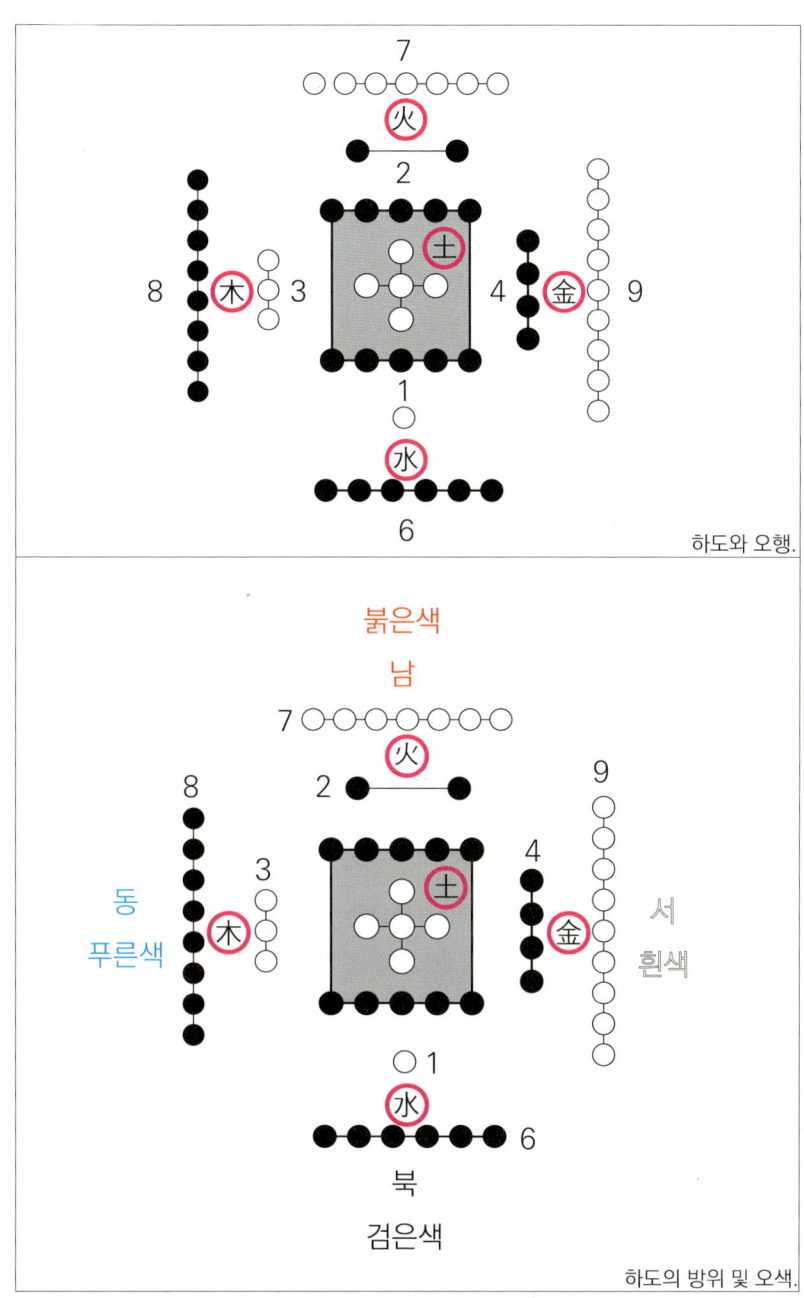

하도와 오행.

하도의 방위 및 오색.

관악산의 화마를 제압하라 - 071

다. 자방子方은 정북방인데 오행으로는 물의 자리다. 이 역시도 관악산의 불기운을 모두 모아 숯을 만들자마자 바로 물로 덮어씌우겠다는 의도다.

그다음은 숫자를 살펴보자. 하도에서 숫자 6은 1과 함께 정북방에 위치해서 물을 생성生成해 낸다. 그래서 행사 날짜도 1월 6일로 잡았다. 숫자 6은 바로 물의 상징 의미다. 그래서 물을 뜻하는 숫자 6에 정확히 맞춰 사시에 6섬의 숯을 구웠다. 숯을 물의 숫자인 딱 6섬만 얻었다고 했다. 물로써 관악산의 불을 가두어 버리겠다는 상징적인 행위다.

관악산 꼭대기에 우물을 파는데, 하필 6각형으로 팠다. 이 또한 물의 상징적인 표현이다. 산 정상에 우물을 판다고 물이 솟아나겠는가? 산꼭대기에 6각형의 우물을 팠다는 것도 역시 물로 관악산의 화기를 억눌러 버리겠다는 상징적인 행위였다.

정리해 보면, 관악산의 가장 왕성한 화기를 숯에 담았다. 모두 모은 불을 현장에서 바로 몇 번씩이나 물에 가뒀다. 물을 의미하는 검은색 숯에 한번, 물의 방위인 자방에서 다시 한번, 물의 숫자인 6에 세 번 가두었다. 6각형의 우물까지 셈하면, 총 6번의 절차로 불을 물에 가둬 제압한 것이다. 여섯 번의 행위 자체가 또 물의 수가 되니, 물의 수 6의 중복이다. 이런 원리를 『경회루전도』을 쓴 정학순은 육육양제지법六六禳除之法이라 이름 지어 붙였다. 물의 수 6이 겹쳐있다. 이는 지극히 많은 물로써 화마를 물리쳐 다스리는 법이다. 이 법에 관해서는 경회루 편에서 자세히 다룰 것이다.

이 정도 했으면 관악산의 불은 물속에 잠겨 영원히 일어나지 못할 것이다. 마귀 같은 불은 위험하니 처음부터 철저하고 신중하게 다

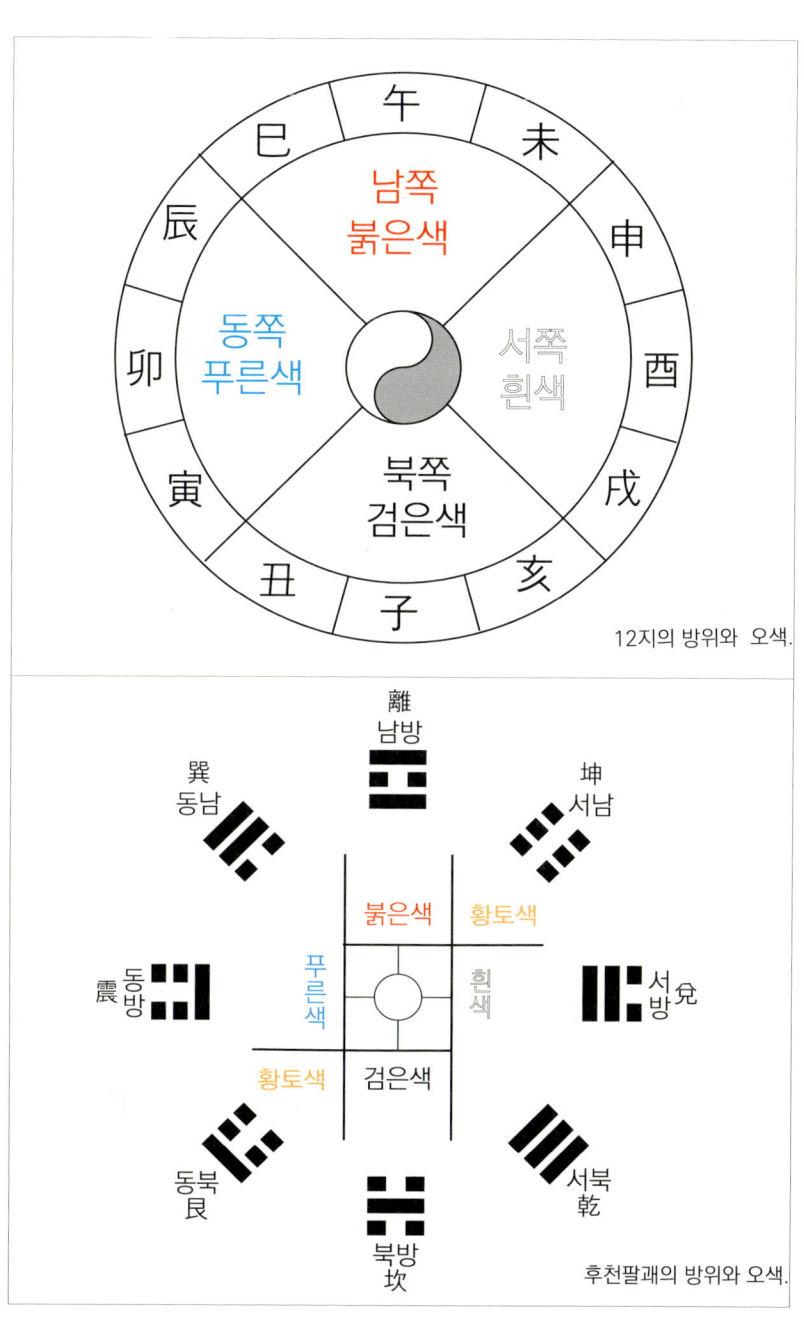

뤄야 했다. 우리 선조들이 화마火魔를 다루는 방법이었다.

다음은 경복궁 궐내에서 화기를 어떻게 다루었는지 살펴보겠다. 관악산 꼭대기에서 구워내 이미 여러 번 물에 가둔 숯을 궐내에 묻는 행위다. 근정전의 술해방戌亥方과 경회루 연못의 북쪽 제방 위에 감괘坎卦 모양으로 땅을 파서 사시에 묻었다고 했다.

팔괘 중 감坎 괘를 살펴봐야 한다. 감괘는 물의 의미다. 후천 팔괘로 정북방의 위치다. 바로 물의 자리다. 근정전과 경회루 북쪽에 감괘 모양으로 땅을 팠다. 이는 바로 물구덩이의 상징 의미다. 이 물구덩이 속에 관악산 정상에서 만든 숯을 집어넣어 묻었다. 관악산의 화기를 완전히 수장시키려 한 것이다. 물의 방위인 북쪽에 물을 의미하는 감괘 모양으로 땅을 파서 묻었으니, 궐내에서도 관악산의 화기를 물에 삼중으로 묻은 셈이다. 시간과 장소와 흙구덩이 모양까지 모두 물의 상징이기 때문이다.

마지막으로 한 번 더 정리 해보자. 경복궁에 늘 위협적인 관악산의 불기운을 모두 모아 숯으로 만들었다. 이 불덩어리 숯을 산꼭대기에서 물의 수 6으로써 여섯 번의 절차를 거쳐 물에 가뒀다. 물의 수 6을 두 번씩이나 중복시키는 극진함으로 화기를 매우 철저하게 억눌러 제지했다. 물의 수 6의 중복(6×6)은 물의 지극한 상징 체계다. 이미 물속에 단단히 가둔 관악산 불덩이 숯을 경복궁으로 가져와 또 세 번씩이나 물속에 묻었다. 관악산의 화기를 물로 겹겹이 덮어씌웠다. 궁궐의 화재를 물리치려는 간절한 바람이다. 불조심하려는 경계의 마음을 새기고 또 새기는 철저한 다짐이다.

6은 물의 상징 숫자다. 이는 물로써 관악산의 화기를 완전히 제압하여 경복궁을 화마로부터 지켜내려는 매우 치밀한 상징적인 행위

경회루지 북쪽 제방은 물의 자리다. 여기에 관악산에서 구운 숯을 묻었다

관악산의 화마를 제압하라 - 075

였다. 고종 3년(1866년) 1월 6일, 조선에서 실제로 행해진 중요한 화재 예방행사였다. 철두철미하다 못해 처절해 보이기까지 한 궁궐의 화재 예방법이다. 우리 선조들이 얼마나 궁궐의 화재를 두려워했는지 엿볼 수 있는 행사였다.

관악산 정상에 올라 빗물 고인 못을 살펴보다

위 기록을 다루면서 관악산 꼭대기가 궁금해졌다. 바위를 뚫어 못을 만들었으니, 없어질 리는 없다. 검색해 보니, 산 정상의 못을 찍은 사진이 많았다. 정확한 설명은 별로 없었다. 좋다, 그렇다면 이 참에 내가 못을 정확히 확인해서 확실히 해두자. 확인차 친구들과 관악산 등산을 했다. 배낭에 카메라와 줄자를 챙겨 넣어 갔다. 서울대 입구에서 출발해 2시간여 만에 산 정상에 도착했다.

관악산은 험한 바위산이다. 맹렬히 타오르는 불처럼 생겼다. 더군다나 한양 남쪽의 전주작이다. 도성 바깥 사신사다. 오행으로 남쪽은 불의 방향이다. 산세와 방위가 모두 불의 상징 체계다. 그래서 예로부터 관악산은 불덩어리 산으로 불렸다. 경복궁에 화재를 일으키는 위험한 불의 산으로 인식되었다. 어떻게든 관악산의 화기를 막아 궁궐을 화마로부터 지켜내야 했다. 그 방편으로 산꼭대기에 육각형으로 못을 판 것이다. 물로써 관악산의 화기를 억누르려는 상징이다. 우물보다는 못이란 명칭이 더 어울린다. 조선 시대에 역적은 무덤을 파내고 그 자리에 못을 만들어 멸문지화 시키곤 했다. 드디어 산 정상의 못 앞에 섰다. 빗물이 고여 있다. 신기했다.

관악산 정상의 못, 산의 불기운을 억제하여 경복궁의 화재를 예방하려고 팠다.

경복궁영건일기에 못의 지름은 3자 정도고 깊이는 2자 남짓이라 기록되어 있다. 실제 재어보니 비슷한 수치였다.

등산객들이 많아 사진 찍기도 힘들다. 우선 줄자를 꺼내 재어 보았다. 못의 남북 지름은 약 88㎝이다. 우리 전통의 길이 단위인 한 자[尺]는 대략 30.3㎝ 정도니까, 남북 못의 지름은 약 2.9자다. 동서는 84㎝ 정도로 약 2.8자다.

못의 깊이는 북·동쪽이 44㎝이니 약 1.45자다. 서쪽은 약 40㎝로 1.32자다. 남쪽은 약 30㎝로 0.99자 정도다. 남쪽이 가장 얕다. 못은 빗물이 고여 낮은 남쪽으로 흘러넘치는 형태다.

『경복궁영건일기』에 못의 지름은 3자 정도이고, 깊이는 2자 남짓이라고 기록되어 있다. 일기 내용과 현재 못의 너비와 깊이가 얼추 비슷한 수치다.

다만, 우물의 형태가 정확히 6각형으로 보이지는 않아 좀 아쉬웠다. 숫자 6은 오행에서 물을 상징한다. 그래서 못의 형태를 6각형으로 팠다고 기록되어 있는 것이다.

친구들에게 물어보아도 자연적으로 생긴 못은 아니고, 인공적으로 판 형태처럼 보인단다. 미루어 고종 3년(1866년) 1월 6일에 조정에서 보낸 인부들이 일부러 판 못이라는 합리적인 추론이다. 못의 실물을 보고 직접 실측까지 해서 확인해 보았다. 관악산의 화기를 억누르려고 산 정상에 판 못이라는 확신이 들었다.

관악산 꼭대기의 못은 물의 상징 체계 문화재다. 관악산의 화기를 제압하는 상징물이다. 마치 숭례문의 현판을 세로로 달고, 관악산을 향해 세워진 경복궁 전각들의 현판을 모두 검은 바탕으로 했고, 경회루지의 물길도 관악산을 향해 남쪽으로 내었다. 모두 관악산의 화기를 억눌러 제지하려는 상징 체계들이다. 화마로부터 경복궁을 지켜내려는 물과 불의 상징 문화재들이다.

불의 산 관악산에서 바라본 옛 한양의 도성과 경복궁.

여자가 한을 품으면 오뉴월에도 서리가 내린다

좀 생소한 십이소식괘十二消息卦에 관해 참고로 알아보려 한다. 문헌적인 근거는 중국 전한 때, 맹희와 경방의 괘기설卦氣說에서 찾을 수 있다. 1년 12달 절기의 변화를 음양이 불어나고 줄어드는 『주역』 열두 개의 괘로 표기했다. 이를 십이소식괘라 한다. 절기를 대표하여 다스리는 괘로 여겨 십이벽괘十二辟卦 라고도 부른다.
태양의 길이 차이로 생기는 일 년 열두 달 사계절의 변화를 음양의 부호로 표기한 이론이다. 농경사회에서 필수적인 햇볕의 양을 음양의 기호를 사용하여 다이어그램으로 도식화했다고 볼 수 있다. 이렇게 표기된 달력 속에는 사계절의 순환 원리가 들어있다. 동양의 사유 방식인 천문天文을 인사人事로 치환시키는 한 전형이라 할 수 있다.

음력으로 10월(양력으로 11월) 입동 절기

예를 들어 설명해야 훨씬 이해가 쉬울 듯하다. 특징적인 몇 달을 살펴보자.
십이소식괘로 보면, 음력으로 10월은 음효陰爻 여섯 개로 구성된 중지重地 곤坤 괘의 달이다. 낮의 길이는 점점 더 짧아지고 대신 밤의 길이가 늘어나는 달이다. 본격적으로 겨울이 시작되는 입동 절기다. 십이지로는 마지막인 해월亥月이다. 차가운 음의 기운만 있기에 오히려 역설적으로 양달이라고도 불렀다.

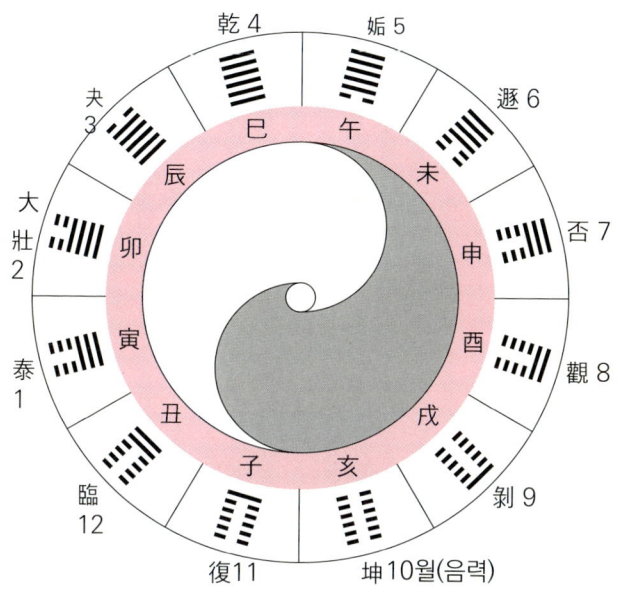

12소식괘와 12지지 및 음력으로 1년 12달의 관계.

이때가 되면 서리가 내리고 머잖아 얼음이 얼기 시작한다. 겨울을 나야 하는 나무는 이때 모든 기운을 땅속의 뿌리에 가둔다. 나뭇가지에 물기가 있으면 겨울 추위에 얼어 죽는다. 잎까지 모두 떨군 앙상한 가지는 속을 비워야 살아남을 수 있다. 비우면서 쉼을 준비하는 때다. 어둠은 두려움의 대상이지만, 꼭 필요한 과정이다. 비움은 생산을 위한 준비 단계다.

서리를 밟았으니 곧 얼음을 보게 될 것이다. 당장 눈앞에 닥칠 추위를 견뎌내야 한다. 시련의 계절이다. 고난은 스스로 잘 극복해 내야 한다. 이제 뿌리에서 더 이상의 물은 공급되지 않는다. 가지에 남아있던 수분들은 모두 열매로 가 당분으로 맺어진다.

수확된 열매는 겨울을 나는 식량으로 저장된다. 특히 내년 봄에 씨앗으로 쓰일 종자는 겨울 추위에 노출되면 얼어 죽는다. 겨울 씨앗은 잘 갈무리해 둬야 봄에 심어 싹틔울 수 있다. 추위 속에 감춰진 축적된 지혜이자 내년 봄의 희망이다.

날씨가 추워져서 서리가 내리면, 만물도 자연의 순환 원리에 따라 근본인 뿌리로 돌아간다. 하물며 사람이 되어서 날 낳고 키워준 내 뿌리인 조상의 은덕을 잊어서는 안 된다. 하여 서리를 밟으며 핏줄들이 한자리에 모여 조상을 추모한다. 그래서 이맘때에 각 문중은 정일丁日이나 해일亥日을 잡아 시제를 지낸다.

안동김씨태장재사安東金氏台庄齋舍는 경북 안동에 있다. 재실 이름이 서리를 밟는다는 이상루履霜樓다. 여기 10월 곤괘에서 따 지은 이름이다. 시적으로 읽히는 편액이다. 자손들이 돌아가신 조상을 추모하면서 근본을 되새기는 장소다. 죽음 속에서 부활을 꿈꾸는 계절이다.

이런 상황을 인간이 지켜야 할 도리로 보면, 겨울 지혜에 해당한다. 늘 한국건축에 몸과 마음을 대고 살다 보니 건축으로 세상을 배운다. 그래서 궁금한 것도 참 많다. 특히 원칙에서 벗어난 건축 문화재를 보면, 알고 싶어 안달이 난다.

한양의 4 대문중에 북쪽의 숙정문肅靖門이 그랬다. 인의예지 오상의 원칙에 맞춰 흥인문, 숭례문, 돈의문의 이름을 지었다. 이런 원리라면 북쪽 문 이름에도 반드시 지智자가 들어가야 한다. 그런데 빠져 있다. 문헌을 아무리 뒤져봐도 그 원인을 찾을 수가 없었다. 전문가들을 만나 물어봐도 이제껏 속 시원한 대답을 듣지 못했다. 궁금해서 미치고 환장할 노릇이다.

이상루는 조상의 은덕을 잊지 않고 추모한다는 의미다.

안동 김씨 태장재사는 시조의 묘단을 관리하고 제사를 모시기 위해 세워졌다.

그러다 나름대로 『주역』을 공부하면서 스스로 해답을 찾았다. 오상五常에서 북쪽을 상징하는 지혜는 겨울의 종자와 같다. 겉으로 드러내지 말고 고요히 감춰야 겨울 추위에 무사할 수 있다. 그래서 북대문 숙정문에 지자를 쓰지 않았다. 자연의 순환 원리에 맞춰 운용의 묘를 발휘해 지은 이름이다. 이렇게 내 나름대로 합리적인 해답을 얻었다.

참고로 홍지문은 한양의 4대문이 아니다. 숙종 때 건립된 탕춘대성의 문이다. 한양 북쪽에 위치하기에 통상적으로 북쪽의 상징인 지智 자를 넣었다.

숙종 때 건립된 탕춘대성의 문인 홍지문.

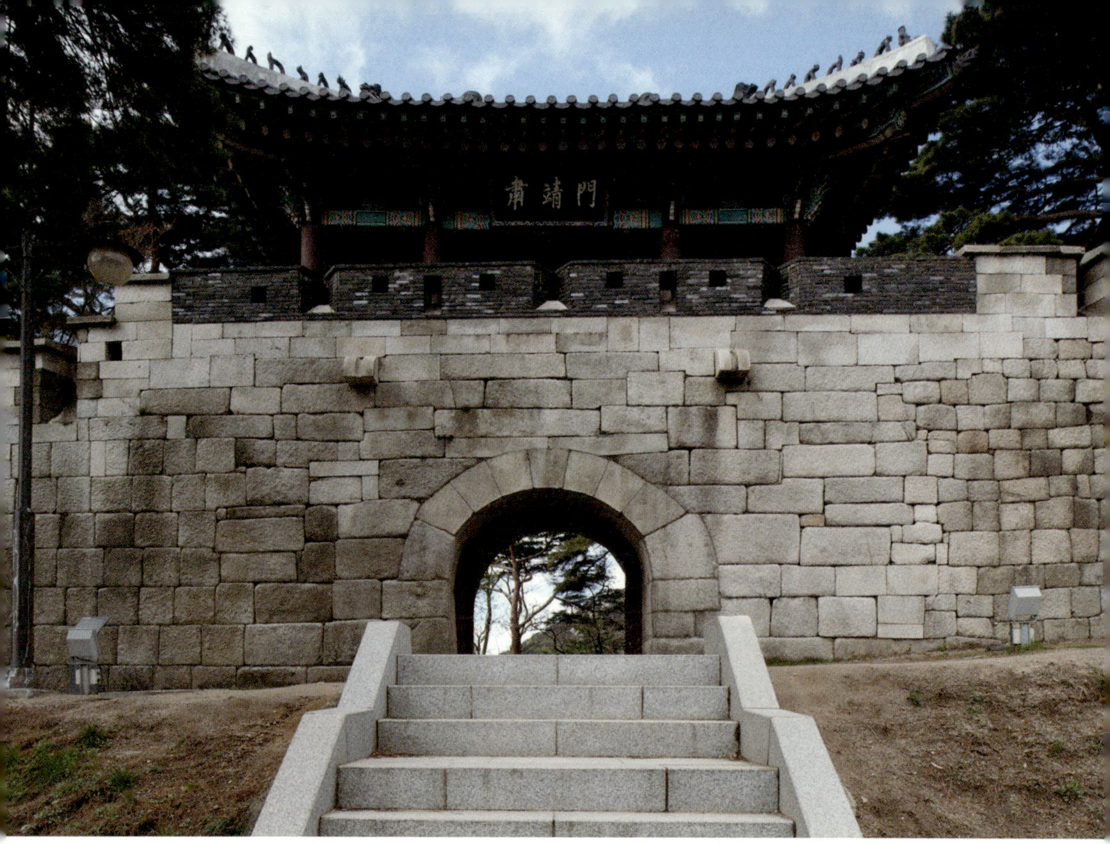

한양 도성의 4대문 중 북쪽 문인 숙정문.

동쪽의 흥인지문
서쪽의 돈의문
남쪽의 숭례문
북쪽의 숙정문
중앙의 보신각

하도와 인간이 지켜야 할 도리인 오상.

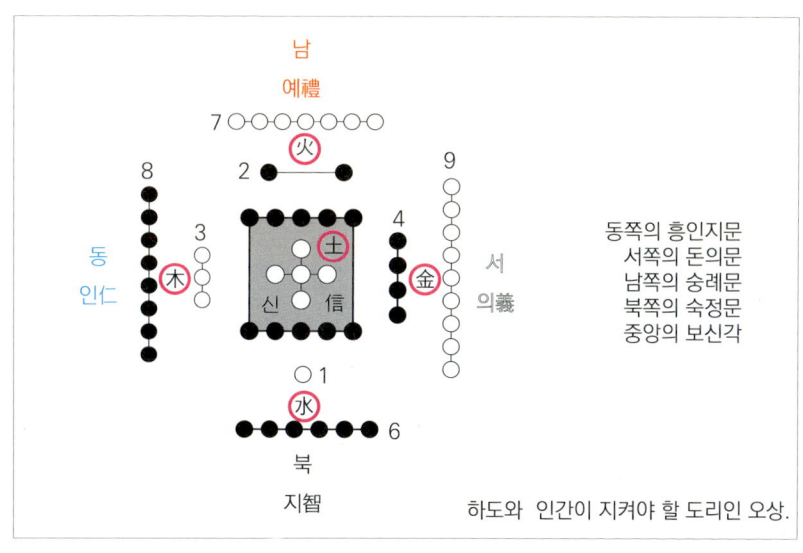

음력으로 11월(양력으로 12월) 동짓달

11월이 되면 음 기운이 가득한 속에서 드디어 양의 기운이 하나 생긴다. 지뢰地雷 복復 괘의 달이다. 십이지로는 정북방의 자월子月 동짓달이다.

한겨울인데 땅속에서는 벌써 따뜻한 기운이 움트기 시작한다. 엄동설한에 잉태된 벌거숭이 양의 기운이다. 아주 소중히 감싸 보호해야만 한다. 그래서 옛날 임금들은 이날 성문을 닫고 시장도 폐하고 정사도 중단하고 근신했다고도 한다. 만백성들도 이제 막 생긴 귀중한 불씨에 동티나지 말라고 붉은 팥죽을 쑤어 벽사했다. 팥죽 속에 태양을 상징하는 새알심을 빚어 넣어 먹으며, 하루빨리 해가 길어지기를 고대했다.

임신 초기에 특별하게 몸조심해야 하듯이, 매사 삼가야 하는 달이다. 이때부터는 잉태된 아이가 크듯이 해가 조금씩 길어지기 시작한다.

동양에서는 잉태된 순간부터 사람 나이를 셈하기 시작한다. 근본을 중시하기 때문이다. 십이소식괘로 만든 달력 속에는 근본을 중시하는 사상이 담겨 있다. 『논어』에도 이런 말이 있다.

"근본이 서야 길이 생긴다.
本立而道生"

반면 서양에서는 아이가 태어나 눈에 보일 때부터 나이를 셈하기 시작한다. 서양은 현상 즉 물질을 우선하기에 그렇다.

동지 팥죽은 벽사의 의미다.

음력으로 1월(양력으로 2월) 입춘 절기

12월 섣달 축월丑月에는 양의 기운이 하나 더 생긴다. 1월 인월寅月에는 음과 양이 반반인 지천地天 태泰 괘가 된다. 새해 첫 달 정월이다. 모두가 바라고 기다리던 입춘 절기다. 따듯해진 땅이 하늘과 사귀니, 드디어 계절이 크게 열리는 때다. 중요한 농사철의 시작이다. 해서 건양다경建陽多慶 입춘대길立春大吉이라 쓴 입춘방을 대문에 붙이고, 새봄 맞을 준비를 한다.

경복궁의 중궁전인 교태전交泰殿이 바로 이 괘에서 취해 지은 이름이다. 태 괘의 형상으로 보면, 땅이 위에 있고 하늘이 아래에 있는

충남 논산의 명재 윤중고택 안채다. 대문에 입춘방이 붙어있다.

상이다. 위에 있는 땅은 본래 자리인 아래로 돌아가려고 하고, 아래에 있는 하늘은 본래 자리인 위로 돌아가려고 한다. 여기서 활발한 움직임이 발생하여 태극 문양이 만들어진다. 막힘없이 소통이 잘되는 괘다. 한 번은 교태전 앞에서 태 괘를 보여주며 이런 해설을 해주고 있자니, 어떤 중년 부인이 나직이 "여성 상위 체위네" 한다. 나 참, 못 말려. 교태전은 음과 양이 크게 사귀어 후대를 이을 왕세자를 많이 생산하라는 바람을 담아 지은 이름이다. 그래서 교태전의 정문도 천지 음양을 뜻하는 양의문兩儀門으로 지었다.

옛날 동양도 그렇지만 서양에서도 새봄을 1년의 머리 달로 정한 적이 있었다. 영어로 10월을 October라 하는데, Octo-는 8의 뜻을 나타낸다. 다리가 여덟 개인 문어를 Octopus라 하고, 80대를 Octogenarian이라 하는 데서 그 근거를 찾아볼 수 있다. 봄 3월을 새해 첫 달로 삼으면, 여덟 번째 달인 10월이 8월이 된다. 영어로 10월 October에 8을 뜻하는 Octo-가 들어가 지금까지도 쓰이고 있는 까닭이 여기에 있다.

음력으로 5월(양력으로 6월) 하지 절기

4월은 양으로만 구성된 중천重天 건乾 괘의 달이다. 양의 기운이 극성인 불의 달이다. 하루 시간으로는 오전 9시에서 11시 사이다. 십이지로는 여섯 번째 지지인 사시巳時다.
5월인 오월午月이 되면, 더위 속에서 음의 기운이 하나 생기기 시작한다. 『주역』의 44번째인 천풍天風 구姤 괘의 달이다.

경복궁 중궁전인 교태전과 양의문이다. 주역 11번째인 지천 태괘에서 따 지은 이름이다.

무더위가 한창 기승을 부리는 때에, 땅속에서는 벌써 음의 기운이 태동한다. 이때부터는 햇볕이 차츰 줄어들며 음의 기운이 점점 강해지기 시작한다. 한여름 하지 절기에 이미 땅속에서는 겨울이 시작된 것이다. "여자가 한을 품으면 오뉴월에도 서리가 내린다."라는 속담은 이를 두고 하는 말이다. 여자가 독하다는 의미라기보다는, 한여름 더위 속에서 생기기 시작한 음의 찬 기운을 가리키는 말이다. 자연의 순환 원리를 두고 하는 말에 여자가 애꿎게 갇힌 속담이다. 보통 음양에서는 남자를 양, 여자를 음의 속성으로 간주한다.

음력으로 7월(양력으로 8월) 입추, 처서 절기

7월 신월申月은 하늘과 땅이 막히는 천지天地 비否 괘의 달이다. 하늘은 하늘대로 땅은 땅대로 따로따로 떨어져 있는 상태다. 천지가 전혀 소통이 이루어지지 못해 막혀있다. 음양이 서로 소통하지 못하고 있다. 그래서 옛적에는 칠월을 막혔다는 질월窒月이라 했다. 절기로는 입추와 처서가 있는 달이다. 이제 만물은 생장을 멈추고 열매를 맺기 시작한다. 나무뿌리와 줄기는 더는 물을 주고받지 않는 단절의 시간이다. 인간사로 보면, 너는 너대로 나는 나대로다. 정치적으로 보자면, 정부는 정부대로 국민은 국민대로 따로따로 놀고 있다. 전혀 소통이 이루어지지 못하는 상황이다. 최악의 냉랭한 불통 관계다.

아버지는 처서 절기에 맞춰 꼭 조상들의 산소 벌초를 하셨다. 궁금해서 이유를 여쭤본 적이 있는데, 풀들이 더는 자라지 않고 씨를 맺기 시작하는 때란다. 잡풀이 씨를 떨어트리기 전에 베어내는 거라 하셨다. 순전히 경험으로 터득한 생생한 삶의 지혜다. 뭐든 책으로 배워 아는 나의 지식과는 질적으로 차이가 난다.

부모님 산소에 들를 때마다 봉분에 두 손을 공손히 얹고 인사를 드린다. 애들이 곁에 있으면 공연히 봉분 위 잡풀을 타박하며 뽑아낸다. 그때마다 생전 아버지의 말씀이 곱씹어진다. 당신 따라 지혜롭게 살고자 하는데, 난 여전히 아버지를 닮지 못한 불초不肖자식이다. 그래서 늘 죄스럽고 더 그리운가 보다.

음력으로 9월(양력으로 10월) 한로, 상강 절기

9월인 술월戌月은 맨 위 양이 하나 남은 산지山地 박剝 괘의 달이다. 하지 때부터 커지기 시작한 음의 기운이 점점 자라 이제는 양이 하나만 남았다. 하지 때부터 시작된 찬 기운이 더위를 거의 몰아냈다. 주역 괘로 풀어보면, 세상에 소인배가 득세하니 군자는 속세를 떠나 스스로 몸을 숨기는 상이다.

꼭대기 하나 남은 완숙된 열매는 내년 봄을 위한 씨앗의 상징이다. 이 종자는 배가 고파도 먹지 말고 잘 보관해야 한다. 큰 과일은 먹지 않고 다음을 위해 남긴다는 석과불식碩果不食이다. 우리가 흔히 감을 딸 때도 다 따지 않고 한두 개는 까치밥으로 남겨 놓는다. 이런 원리에서 비롯된 한국인의 아름다운 풍속 중 하나다.

『대지』를 쓴 소설가 펄 벅이 한국을 방문했을 때, 가을 감나무에 남겨진 까치밥의 의미를 알고 감격했다는 바로 그 풍경이다.

전남 구례 운조루 고택 안채, 늦가을 햇볕이 대청마루 깊숙이 들어와 있다.

까치밥, 큰 과일은 먹지 않고 오는 봄을 위해 남겨 놓는다는 희망의 상징이다.

태극도. 낮의 뿌리는 밤이고, 밤의 뿌리는 낮이라는 상징이다.

십이소식괘는 태극의 원리다

십이소식괘에는 겨울 속에 여름의 씨가 들어있고, 여름 속에 겨울의 씨가 들어있음을 보여주는 책력이다. 바로 태극의 원리다. 음양으로 표기된 태극 문양 양쪽에 반대 색깔로 찍힌 작은 점이 이런 의미다. 이는 낮의 뿌리는 밤이고, 밤의 뿌리는 낮이라는 상징적인 표현이다. 나무의 겨울눈도 한여름에 만들어진다. 이렇듯 우리 선조들은 천지자연의 오묘한 순환 원리를 본받아 자연에 거스르지 않으며 살려고 했다.

또 집을 지을 때도 동쪽은 열고 서쪽은 닫는 구조를 취했다. 바로 천지자연의 운행원리를 본받아 지었다. 흔히 한국건축을 자연 친화적이라고 말한다. 흙이나 나무 같은 자연 재료를 써서 집을 지었으니, 그렇게도 말할 수 있다. 그보다 우리 선조들은 천지자연의 순환원리를 집 짓는 구축원리로 삼았다. 이를 두고 자연 친화적이라 말함이 더 올바른 표현이다.

태양의 남중고도에 맞춘 한옥의 처마 길이를 보면 금방 알 수 있다. 태양의 남중고도가 높은 여름에는 집 안으로 들어오는 햇빛을 가려 더위를 막아준다. 대신 남중고도가 낮은 겨울에는 집안 깊숙이 따듯한 햇볕을 들여 집을 덥혀준다. 이렇듯 1년 사계절 태양의 움직임과 한옥의 처마 길이는 밀접한 상관관계를 맺는다. 한국건축 속에는 해 뜨고 지는 순환 원리가 들어있다. 하늘과 땅 사이 불처럼 덥고 물처럼 차가운 계절의 변화에 대응하는 지혜를 담았다. 우리나라 국기인 태극과 음양오행의 원리다. 우리네 사는 집을 소우주라고 불렀던 이유도 여기에 있다. 천인합일 사상이다.

각 전각의 대들보에 화마를 물리치는 부적 같은 유물을 꼭 넣었다

을축년(1865, 고종 2년) 10월 11일. 맑음.

"자시子時에 교태전, 강녕전, 연생전, 경성전에 상량上樑했다. 상량 때 절차 및 희생, 술, 떡, 과일의 수는 신무문의 상량 때와 같다. 진설한 바는 베와 무명 각 10필, 대미와 소미 각 2섬, 돈 1백 냥인데, 다만 강녕전만 2백 냥을 썼다. 상량문은 또 붉은 공단孔緞에 검은 글씨다. 순은으로 된 돈을 6각으로 주조하였다. 각각 6각 모서리 안팎의 면마다 물 수水 자를 새겼다. 모두 다 6푼[六分]이다. (매 푼은 1량 무게. 숫자 6 또한 물의 수로써 모두 불을 억제하려는 조건이다. 每分一兩重 六亦水數也 皆所以制火)

흥선대원군 합하봉(비단에 묵서 가로 77, 세로 145센티미터).

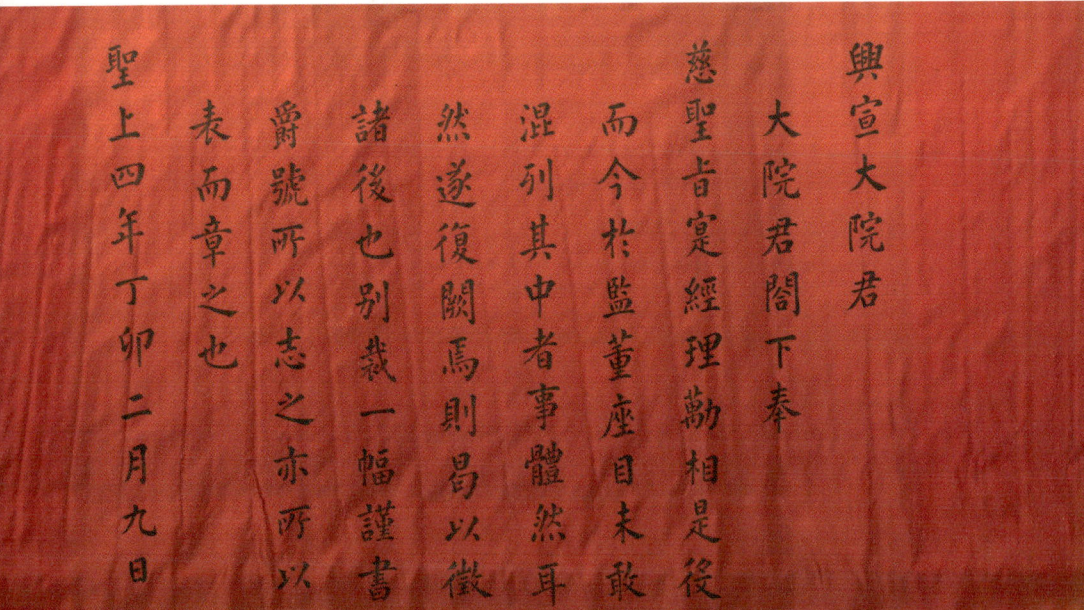

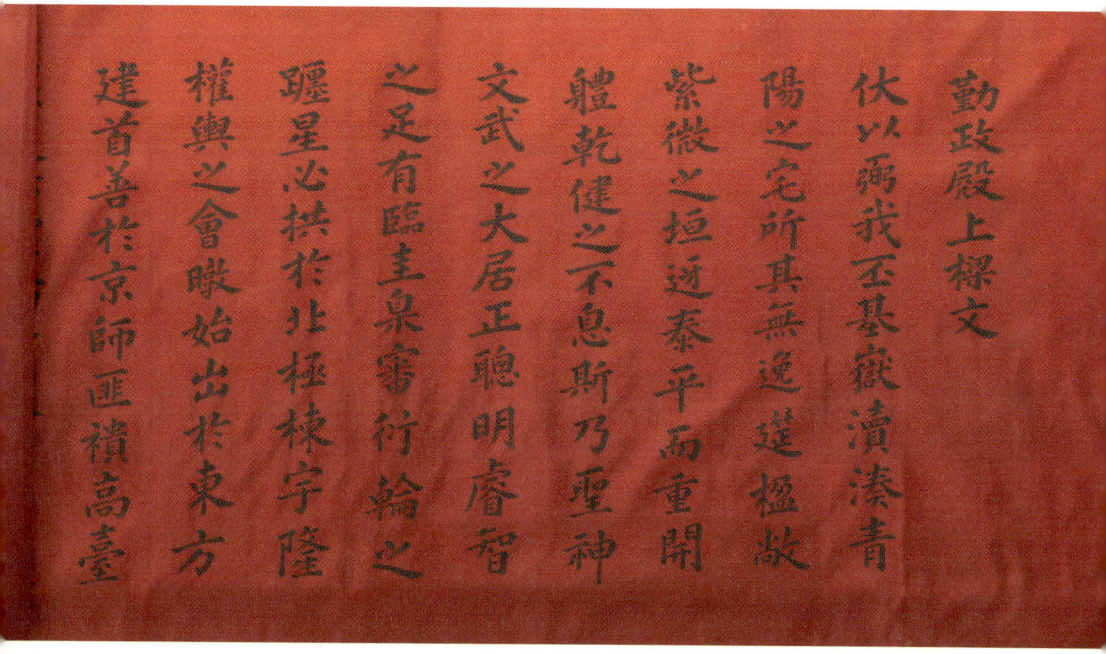

勤政殿上樑文
伏以弱我丕基嶽瀆湊青
陽之宅所其無逸建楹歟
紫微之垣迢泰平而重開
體乾健之不息斯乃塗神
文武之大居正聰明睿智
之足有臨圭桌審衡輪之
躔星必拱於北極棟宇隆
權輿之會瞰始出於東方
建首善於京師匪禎高臺

근정전 상량문(비단에 묵서 가로77, 세로 1350센티미터).

대청 안에서 들보를 빼내 상량문과 은전을 한꺼번에 들보 속에 들였다. 다만 교태전은 상량하는 곳에 아직 기와를 덮지 않았기 때문에 전각의 등마루 위에 들였다."

정묘년(1867, 고종 4년) 2월 9일 맑음.
"묘시卯時에 사정전과 근정전에 상량하였다. 대원위의 작호爵號를 무늬가 없고 두껍고 윤기가 도는 고급 비단인 붉은 공단貢緞 소폭에 별도로 썼다. (근정전에만 있다. 서식은 아래에 있다.) 또 도감 제조 이하부터 공장, 편수에 이르기까지 흰 명주 1필에 차례대로 가로로 썼다. (이하는 두 전각이 동일하며 서식은 아래에 있다.) 은전 6푼과(돈의 모양과 무게는 강녕전에 보인다.) 상량문을 함께 들보 안에 넣어두었다. (상량문은 모두 붉은 공단에 가로로 썼다.) 진홍색의 종이에 용龍 자 1천 개를 써서 한 개의 수水 자字 2본을 만들어 상량문의 위와 아래에 넣어두었다. 먹으로 용 그림을 1본 그려 상량문의 중간 옆에 두었다. (모두 규격이 크기 때문이다.)"

정묘년(1867, 고종 4년) 4월 20일 비.
"술시戌時에 경회루에 상량하였다. 상량문은 운문雲紋 영초단英綃緞 1필에 썼다. 수은 조금을 작은 병 가운데 담아 가져 와서 은전銀錢 6푼을 주조하였다. (주조하는 방식은 위에 보인다.) 모두 대들보 가운데 넣고 수룡水龍 자 2본과 묵룡화墨龍畵 1본을 상량문의 위와 가운데 그리고 아래 3곳에 넣어두었다."

정묘년(1867, 고종 4년) 6월 29일. 미우微雨.
"묘시卯時에 수정전에 상량하였다. 상량문은 붉은 공단에 썼고 은전銀錢 및 수룡水龍 자와 묵룡화墨龍畵는 근정전과 같다."

2001년 6월, 경복궁 중수 공사 중에 근정전 상층 종도리 하단의 장여 중앙부에서 상량문과 함께 화재 예방을 위한 부적 같은 유물들이 함께 발견되었다. 특히 눈길을 끄는 것은 은제銀制 육각판六角版 5점과 그림 3점이었다. 전각을 짓고 상량식을 할 때, 통상 들보 주변에 상량문을 밀봉하여 넣는다. 이때 궁궐에서는 화마를 물리치려는 염원을 담은 위 유물들도 함께 넣은 것이다. 화재 예방의 염원을 담은 이런 유물들은 근정전뿐만 아니라 대부분 전각마다 반드시 넣었다. 이를 통해 우리 선조들이 건물의 화재를 막기 위해 얼마나 고심했는지를 엿볼 수 있다.

수자명水字銘(음각) 육각형 은판(폭 3.6, 두께 0.25센티미터).

『경복궁영건일기』에는 대부분 전각의 상량문 전문이 실려있다. 상량문은 주로 집을 짓게 된 배경과 웅장한 집이 성대히 완공됨을 축하하는 기록이다. 또 옛 성현들에 견줘 임금의 덕을 찬양하고 왕실의 번창과 안녕을 기원하였다. 모든 상량문에 동서남북과 상하에 '떡을 던지세' 하는 후렴구를 반복적으로 넣은 가사가 들어있다. 천지 사방에 복을 비는 시구로 읽힌다. 결혼식 주례사처럼 읽히기도 하지만, 당시 사람들의 집에 대한 철학을 엿볼 수 있는 단서들도 많이 담겨 있다. 그밖에는 공사에 참여한 사람들의 명단도 들어있다. 근정전 상량문에는 1867년 경복궁 중수가 끝났음을 알렸고, 공사 담당자 156명의 명단과 흥선대원군의 업적 등이 담겨 있었다.

고종 때, 경복궁을 복원하면서 거의 모든 전각에는 상량문과 함께 화재를 예방하는 일종의 부적 같은 3점의 유물들도 함께 넣었다. 순은으로 만든 6각형의 돈 5점, 용龍자 천 개로 만든 물 수水자 2점, 먹으로 그린 용의 그림 1점이다. 모두 물을 상징하는 유물들이다. 물로써 불을 억눌러 물리치는 상징 체계들이다.

이 유물들을 상량문과 함께 전각의 가장 중요한 곳에 넣어 둠으로써 화재로부터 궁궐을 지켜내려는 염원을 담았다. 이 유물들이 왜 물을 상징하는지 하나하나 살펴보겠다.

먼저 6각형의 은전銀錢이다. 하도에서 숫자 6은 1과 함께 물을 생성해 내는 숫자다. 관악산 꼭대기에 우물을 6각형으로 판 것도 이 때문이다. 은제 육각판에는 모서리마다 한자로 물 수水 자를 6자씩 새겼다. 한자로 물 수水 자를 세 번 붙여 놓아 물 많다는 뜻을 의미하기도 해서 일명 묘판淼版이라 부르기도 한다. 물은 당연히 불과는 상극이니, 누구나 다 화재 진압 용도라는 걸 알 수 있다.

수자문지류水字文紙類(가로 38.4, 세로 44.5센치미터).

용문지류龍紋紙類(종이에 먹. 가로 38.3, 세로 27센치미터).

여기서 꼭 주목해 보아야 할 점은 바로 6이라는 숫자다. 왜 육각형으로 만들어 그 위 모서리마다 물 수水 자 6개씩을 새겨넣었을까? 여러 번 반복하지만, 6은 하도에서 1과 함께 물을 생성해 내는 숫자이기 때문이다. 숫자 6은 바로 물의 의미다. 물의 수인 6은 불을 억제하는 조건이다. 그러니까 은제 육각판은 바로 물을 상징하는 유물이다. 여기에 더해 물을 확실히 강조하기 위해 은제 6각형의 무게도 6푼[六分]에 맞췄다는 것이다. 물 수 자 6개가 앞뒤로 새겨진 6각형에 6푼의 무게를 가진 은전은 흘러넘치는 물의 상징이다.

은전銀錢 재료인 수은의 흰색도 주목해 봐야 한다. 흰색은 오행에서 서쪽 금金의 자리다. 금생수金生水로 물을 만들어 내는 색이다. 그러니까 흰색의 은전은 끊임없이 물을 만들어 내는 원천인 셈이다. 물이 흘러나오는 근원을 상징한다. 은전은 영원히 마르지 않는 물의 상징 체계다. 오로지 불을 제압하는 물, 물, 물이다.

또 다른 유물은 한자로 크게 물 수水 자를 새겨 그 글자 속에 천 개의 용龍 자를 새겨 넣었다. 용은 후천팔괘後天八卦에서 서방 금의 자리로 물을 낳는 금생수 역할을 한다. 물 수水는 영원히 마르지 않을 것이다. 천 마리 용이 끊임없이 물을 만들어 내기 때문이다. 그러니까 끊임없이 물을 만들어 내어 궁궐에 불기운이 일어나지 못하도록 염원하는 부적 같은 유물이다. 나머지 용의 그림 하나도 이와 같은 이치의 상징 체계다.

물을 상징하는 부적 같은 유물을 상량문과 함께 건물의 가장 중요한 도리 부근에 넣었다. 물로써 각 전각의 화재를 사전에 막아내려는 염원을 담았다. 우리 선조들이 경복궁의 화재를 예방하기 위해 상상 이상의 비보들을 했음을 확인해 볼 수 있는 유물들이다.

시골 집 대청마루 도리의 상량문.

사람은 흉한 일은 피하고 길한 일로 나아가려 집을 짓는다

일반 집에서는 주로 대청마루 천장 마루 도리에 직접 상량문을 쓴다. 집을 지으면서 고유제를 지내거나 입주할 때는 주로 물[水]의 날을 가려 택일한다. 이는 물로써 집안의 화재를 막으려는 염원이다. 상량문에는 집을 지은 연월일시와 집주인 관련 내용을 적는다. 그리고 사방을 지켜준다는 사신인 용, 기린, 거북, 봉황 등의 글자도 쓴다. 어느 집이나 상량문에 공통으로 들어가는 문구가 있다.

"하늘의 해와 달과 별에 화답하고,

인간의 오복이 잘 갖춰진 집.
應天上之三光
備人間之五福"

천지신명의 가호 아래 사람이 누릴 수 있는 모든 복을 누리며 잘 살기를 바라는 내용이다. 그러기 위해서는 화재로부터 집을 잘 지켜내야 한다. 그래서 상량식을 하는 날짜도 수水의 날에 맞춰 물로써 불을 엄중히 경계했다.

여기서 잠깐, 모든 사람이 그토록 바라는 다섯 가지 복에 대해 살펴보자. 가장 오래된 문헌은 『서경』〈홍범구주〉편이다. 서백西伯의 무왕은 은나라의 폭군 주紂를 무너뜨리고 주周나라를 세웠다. 무왕은 은의 신하였던 기자箕子를 찾아가 백성을 잘 다스리는 법을 물었다. 은나라가 망하고 평양으로 들어왔다는 기자가 전해준 아홉 가지의 큰 법이 바로 홍범구주洪範九疇다. 백성을 다스리는 아홉 가지 정치 대법이다.

홍범구주의 아홉 번째, 오복에 관한 향용오복嚮用五福이 들어있다. 첫째가 수壽로 오래 사는 것이고, 두 번째가 부富로 넉넉하게 사는 것이고, 세 번째가 강녕康寧으로 몸과 마음이 다 건강하고 편안하게 사는 것이고, 네 번째가 유호덕攸好德으로 매사에 감사하며 남에게 베풀며 사는 것이고, 다섯 번째가 고종명考終命으로 그러면서 제명대로 잘 살다가 편안하게 죽는 것이다. 경복궁의 대전인 강녕전康寧殿과 향오문嚮五門이 바로 여기서 따 지은 이름이다.

살다 보면 좋은 일만 있으란 법은 없다. 좋은 일보다는 안 좋은 일이 더 많은 게 인생사다. 위 책에서는 또 여섯 가지 흉사를 들어 경계시키는 위용육극威用六極이 있다. 첫째가 흉단절凶短折로 운수 나쁘게도 흉하게 일찍 죽는 것이고, 두 번째가 병病으로 몸이 아파 고생하며 사는 것이고, 세 번째가 우憂로 근심 걱정이 많아 속을 태우며 사는 것이고, 네 번째가 빈貧으로 가난하여 곤궁하게 사는 것이고, 다섯 번째가 악惡으로 악독하여 성질을 부리며 사는 것이고, 여섯 번째가 약弱으로 힘이 부족하여 잃고 사는 것이다.

흉한 일은 복된 일로써 억눌러 물리치라는 가르침이다. 불같은 화가 치밀어 오를 때는 물처럼 차가운 이성으로 제어해야 평정심을 유지할 수 있다. 삶의 방식이나 자기 마음의 수양법이 화마를 물로써 제어하여 다스리는 이치와 닮았다.

경복궁 왕의 침전인 강녕전과 향오문.

환경이 좋은 동네라도 인심이 착하지 않으면 후회할 일이 생긴다

나 어렸을 적 이야기다. 정월 대보름에 할머니와 어머니는 늘 시루떡을 하셨다. 올 한 해 농사 잘되기를 바라고 집안이 두루두루 평안하기를 바라며 기도드리시듯 정성을 들이셨다. 켜켜이 쌓은 시루떡이 골고루 잘 익도록 온갖 정성을 들여 가마솥에서 떡을 쪄내셨다. 다 된 떡은 시루째 대청마루로 옮겨 물도 떠 놓고 식구들 모두 절을 했다. 그리고 방이며 곳간이며 집안 곳곳에 떡을 한 접시씩 가져다 놓았다. 그렇게 집안의 모든 잡신을 대접하고, 이웃집에도 떡을 한 접시씩 모두 돌렸다. 사람에게 인격이 있듯이 우리가 사는 집에도 나름 격을 붙여 더불어 살았다.

추석쯤이며 모든 방문에 창호지를 새로 발랐다. 찢어지기 쉬운 문고리 근방에는 꽃도 붙여 2중으로 창호지를 발라 소소한 멋도 냈다. 그을음으로 까매진 부엌의 벽도 황토를 이겨 때때로 새로 바르곤 했다. 지금보다 넉넉하지는 않았지만, 집과 더불어 살았다. 그러다 보니 집에 동냥하러 온 거지도 그냥 보내는 게 아니라며, 뭐라도 줘서 보내는 게 상례였다. 집을 돈벌이 도구쯤으로 여기며 사는 지금과는 분명 격이 달랐다. 무엇이 옳은 삶인지는 섣부르게 판단할 순 없지만, 이제는 돌아가신 할머니와 부모님이 사무치게 그립듯 난 그때와 그 집이 늘 그립다. 내 마음은 지금도 그 집에 산다.

이중환의 『택리지』에는 복거총론이 있다. 복거卜居는 살만한 장소를 가려 정하는 일이다. 살 집터를 찾는 일에 길흉을 알아내는 점 복卜 자를 쓴 게 이채롭다. 주거지로 지리와 생리生利가 함께 좋아도 인심이 착하지 않으면 반드시 후회할 일이 있게 마련이라고 했다.

남한산성에서 바라 본 서울.

현대는 농담 아닌 진담처럼 좌 철도 우 고속도로에 좋은 학군을 최고의 주거지라 말한다. 인심보다는 경제적인 가치를 앞세우고 산다. 아파트 단지 안에서 사람이 죽어도 집값 내려갈까 쉬쉬하는 세태다.

삶의 격은 스스로 높이 세우며 살아가야 하는데, 언제나 사람의 욕심이 앞을 가린다. 하늘을 만질 만큼 높은 아파트는 한국인의 들끓는 욕망을 상징한다. 불같은 욕심은 누르고 물 같이 냉철한 본성은 끌어올려야 순환이 이루어질 것이다. 그래야 집과 몸이 좀 균형을 맞출 수 있지 않을까 싶다. 사람의 몸뿐만이 아니라 사는 집에도 수승화강水昇火降이 필요한 시대다.

가만히 멈춰 있는 집은 음의 기운이고, 흘러 다니는 돈은 양의 기운으로 볼 수 있다. 지금의 집들은 늘 돈이라는 강력한 불기운의 공격을 받는 형국이다. 그 속에서 인심이 타버린 지는 오래된 듯싶다. 사람은 불 없이는 살 수 없고 돈 없이도 살 수 없다. 우리 조상들은 불을 마귀라 부르면서까지 경계했다. 현대인들의 집에 대한 불타는 욕망을 한 번쯤은 뒤돌아봐야 하지 않을까 싶다. 사람들은 불에 타 죽는 줄도 모르고 불빛을 쫓는 불나방들을 미련하다고 한다. "미련하기가 곰 같다."라는 속담도 있다. 욕망에 눈먼 지금의 우릴 두고 하는 말은 아닐지 곰곰 생각해 볼 일이다.

비를 부르는 용과 구름 문양으로 단청하다

정묘년(1867, 고종 4년) 2월 19일 맑음.
"근정전의 단청이 이루어졌다. 그림의 형상인 화체畵體는 간단하게 그린 용인 초룡草龍과 구름인 운물雲物에서 모양을 취하였다. (이는 불을 억제한다는 제화 制火의 뜻을 취한 것이다. 取制火之)"

용과 구름은 비를 부르는 상징물이다. 경복궁의 정전인 근정전과 경회루의 단청을 칠하는데, 불을 억눌러 제지할 수 있는 물의 형상으로 칠했다는 것이다. 궁궐 전각의 단청 그림을 물의 상징으로 그려 전각 전체를 물로 덮어씌운 것이다. 이는 애초부터 궁궐 전각에 불의 접근을 차단하겠다는 강력한 의지의 표현이다. 물로써 불을 물리치겠다는 수극화水克火의 상징 체계다.

전각 현판의 검은 바탕은 불을 제압하려는 물 판이다

을축년(1865, 고종 2년) 10월 11일. 맑음.
"광화문 현판은 (서사관書寫官은 훈장訓將 임태영), 검은 바탕인 묵질墨質에 금색 글자인 금자金字다. (편동片銅으로 글자를 주조하고 십품금十品金 4냥쯤 되는 무게로 발랐다. 은장銀匠 김경록, 최태형, 김우삼 등이 원납했다.)"

정묘년(1867, 고종 4년) 4월 21일. 어제 새벽부터 오늘 유시까지 비, 3치 3푼.
"교태전과 강녕전의 현판은 묵질墨質에 금자金字다.
(각 전당의 현판을 모두 검은 바탕으로 함은 불을 억눌러 제지하여 없애려 함이다. 各殿堂皆爲墨質取制火之埋) "

정묘년(1867, 고종 4년) 4월 22일. 맑음.
"근정전의 현판은 묵질墨質에 금자金字다. (편동片銅으로 글자를 만들고 엽자금葉子金 3냥 8전 8푼으로 거듭 도금하였다. 서사관은 이흥민이다.)"

정묘년(1867, 고종 4년) 8월 21일. 맑음.
"근정문의 현판은 묵질墨質에 금자金字다."

정묘년(1867, 고종 4년) 9월 1일. 흐리다가 쇄우灑雨.
"사정전의 현판은 묵질墨質에 금자金字다."

정묘년(1867, 고종 4년) 9월 7일. 어제 인정부터 오늘 아침까지 비, 수심은 5푼.
"수정전과 자선당의 현판을 달았다. 묵본墨本에 금자金字다."

정묘년(1867, 고종 4년) 9월 13일. 맑음.
"경회루 현판은 묵본墨本에 금자金字다."

경복궁의 광화문, 근정문, 근정전, 사정전, 강녕전, 교태전, 경회루, 수정전, 자선당의 현판은 모두 검은 바탕에 금색 글씨로 제작되었다. 이 전각들의 공통점은 다 남향하고 있다는 점이다. 모두 관악산을 향하여 마주 보고 있는 전각들이다. 반복되는 이야기지만, 관악산은 화기를 잔뜩 머금은 불의 산이다. 궁궐에 화재를 일으킬 수 있는 위험한 산이다. 모든 수단을 동원하여 관악산의 화기를 억눌러 막아 궁궐을 화마로부터 지켜내야 했다.

우리 선조들은 주로 물과 불로써 화마를 막아 물리치는 방편으로 삼았다. 물로써 불을 끄는 수극화와 불로써 불을 끄는 맞불의 상징 원리다. 현판의 바탕을 검은색으로 한 것은 물로써 불을 제압하는 방식이다. 오행의 운행 원리로 보면, 방위로 북쪽은 검은색이다. 바로 물의 자리다. 검은색은 곧 물을 상징한다. 그래서 현판을 물의 색인 검은 바탕으로 하여 불을 제압하려 하였다.

현판의 글씨를 금색으로 한 것은 불로써 불을 제압하는 맞불의 상징 체계다. 남쪽은 붉은색의 자리로 불의 방위다. 글씨의 금색은 곧 불을 상징한다.

현판의 검은 바탕과 금색 글씨로 마주 보이는 관악산의 화기를 2중으로 억눌러 물리치려 한 것이다. 물로 불로 제압하는 수극화水克火와 맞불 의미인 화극화火克火의 이치다.

경복궁의 남향한 전각들 현판은 모두 물과 불로써 화재 예방의 상징 체계로 삼았다.

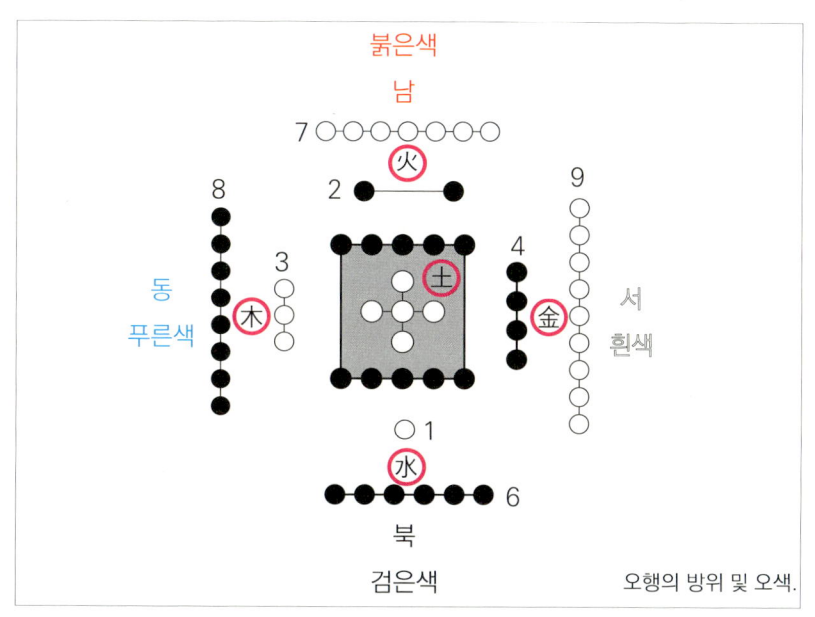

오행의 방위 및 오색.

경복궁 서쪽의 영추문, 본래는 흰 바탕에 검은 글씨로 제작되었다.

경복궁의 사대문은 각 방위를 상징하는 색을 써서 현판을 제작했다

을축년(1865, 고종 2년) 10월 22일. 맑음.

"영추문迎秋門의 현판이 완성되었다. 현판은 흰 바탕인 백질白質에 검은 글씨인 묵서墨書로 제작되었다.

을축년(1865, 고종 2년) 10월 23일. 맑음.

"신무문神武門에 이날 현판을 달았는데, 검은 바탕인 묵질墨質에 흰 글씨인 백서白書다. (서사관은 총융사 이현직이다.).

을축년(1865, 고종 2년) 12월 10일. 맑음.

"건춘문建春門의 현판이 완성되었다. 검은 바탕인 묵본墨本에 녹색 글씨인 녹서綠書다. (서사관은 금위대장 이경하다.)

대개 동, 서, 남 3문의 편액은 해당 문의 공사를 주관하는 장수가 썼다.

남향한 전각을 제외한 건물들은 각각의 방위 색에 맞춰 현판을 제작했다. 동쪽 건춘문의 현판은 검은 바탕에 녹색 글씨다. 좌청룡에 맞춘 푸른색의 글씨다. 서쪽 영추문의 현판은 흰 바탕에 검은 글씨다. 역시 우백호에 맞춘 흰색 바탕이다. 북쪽 신무문의 현판은 검은 바탕에 흰색 글씨다. 북현무에 맞춘 검은색 바탕이다. 경복궁의 동·서·북 문은 화재 예방과는 상관없이 각 방위를 상징하는 색을 써서 현판을 제작했다.

반면, 남향하여 관악산과 마주한 전각은 모두 검은색 바탕의 현판들이다. 물로써 화재 예방을 하려는 의도임를 분명히 알 수 있다.

경복궁 북쪽의 신무문, 본래는 검은 바탕에 흰색 글씨로 제작되었다.

경복궁 동쪽의 건춘문, 본래는 검은 바탕에 녹색 글씨로 제작되었다.

사방을 지켜준다는 사신은 오래된 우리 한민족의 천문사상이다

한국 사람치고 좌청룡 우백호를 모르는 사람은 없다. 들은풍월 속 세 글자 속에는 방위와 색깔과 사신四神의 정보가 들어있다. 좀 더 관심이 있으면 전주작과 후현무까지 안다.

동양의 방위는 내 몸을 기준으로 삼으면 이해하기 쉽다. 모든 만물은 향일성向日性의 성질을 가지고 있다. 해가 움직이는 남쪽을 향하여 선다. 그러면 등은 자연스럽게 북쪽이 된다. 한자로 등 배背 자속에 이미 북녘 북北이 들어있다. 이를 기준으로 보면 좌측은 해가 뜨는 쪽이니 동쪽이다. 반대로 우측은 해가 지는 쪽이니 서쪽이다. 앞은 당연히 남쪽이다.

이를 바탕으로 좌청룡左靑龍은 동쪽이고 푸른색이며 상상의 동물은 용임을 알 수 있다. 우백호右白虎는 서쪽이고 흰색이며 호랑이다. 전주작前朱雀은 남쪽이고 붉은색이며 봉황이다. 후현무後玄武는 북쪽이고 검은색이며 상징 동물은 거북이다.

이것이 동양의 방위개념이다. 이를 원으로 표시하는데, 아래쪽이 북쪽이고 좌측은 동쪽이고 위쪽은 남쪽이고 우측은 서쪽으로 표기한다. 서양의 방위개념과는 반대라서 우리 문화를 이해하는 첫걸음부터 발이 꼬이는 까닭이다.

이를 기준으로 경복궁 사대문의 홍예 천장 그림을 그렸다. 현재 경복궁 영추문 홍예 그림은 동쪽의 상징 동물 중 하나인 린獜이다. 언뜻 보면 호랑이 같기도 하고 귀여운 개 모양 같기도 한데, 주로 흰색을 많이 써서 서쪽을 상징화시켰다. 이렇듯 각각의 방위 상징에 맞춰 동물을 그리고 상징색을 도드라지게 써서 홍예 천장 그림을 그렸다.

이는 하늘의 28수 별자리를 그대로 형상화하여 하늘에 순응하려는 철학을 드러낸 것이다. 국보 228호인 〈천상열차분야지도〉에 이런 내용이 자세히 나온다. 해와 달 그리고 다섯 행성인 수·금·화·목·토성의 움직임과 위치에 따라 절기를 구분하여 설명해 놓았다. 하늘의 동서남북 사방에 펼쳐진 일곱 개씩의 별자리 모양이 사신四神이라 새겨놓았다. 동쪽은 용, 서쪽은 호랑이, 남쪽은 새, 북쪽은 거북이 형상이라 했다.

고구려와 백제의 고분벽화에도 사신도四神圖가 그려져 있다. 죽어서 본래의 자리로 돌아간다는 뜻일 수도 있고, 죽음과 삶을 하나로 여기는 의미이기도 하다. 미루어 사방을 지켜준다고 믿는 사신은 아주 오래된 우리 한민족의 천문사상이다. 인문의 출처는 천문이다. 모든 지식의 출발은 하늘에서 비롯되었다. 사람이 곧 하늘이라는 인내천人乃天 사상이 그냥 나온 게 아니다.

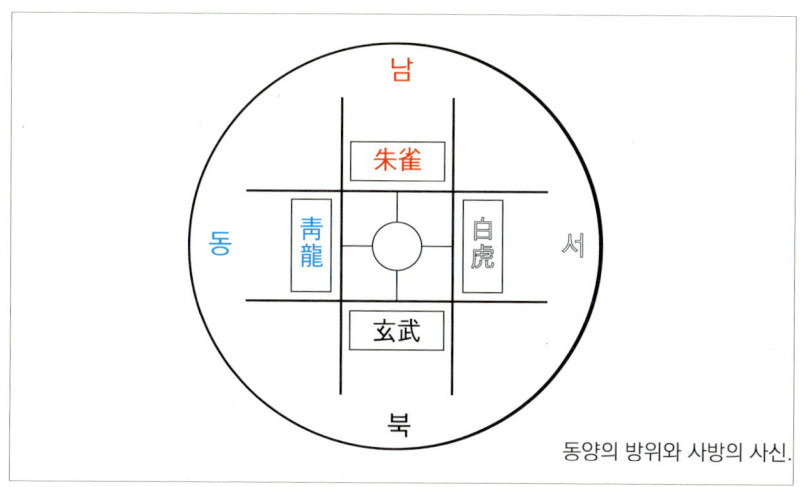

동양의 방위와 사방의 사신.

청룡. 강서대묘 벽화, 7세기.

주작. 강서중묘 벽화, 7세기.

백호. 강서중묘 벽화, 7세기

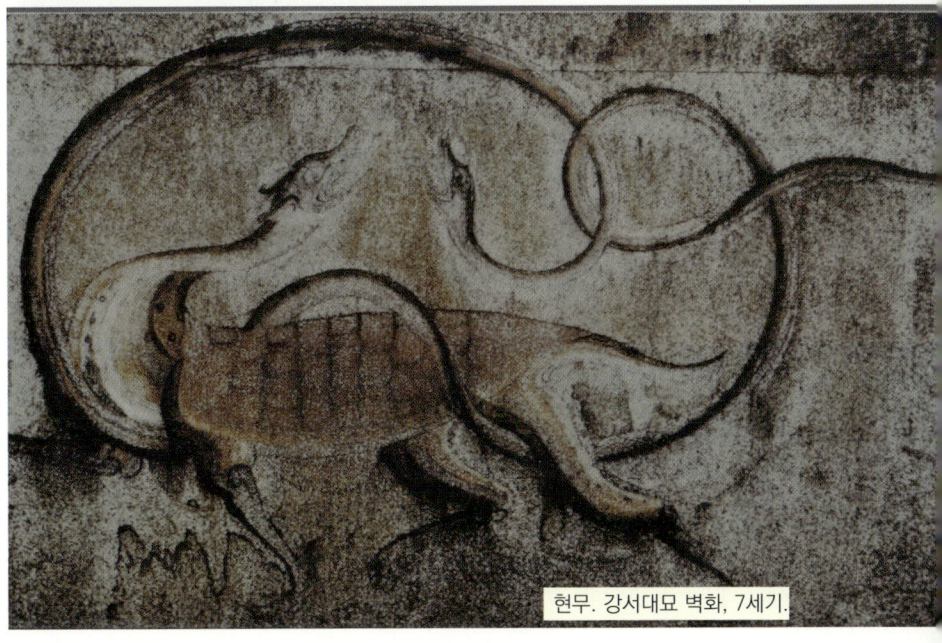

현무. 강서대묘 벽화, 7세기.

한양은 하늘의 별자리를 지상에 구현한 성리학의 도시다

한양은 성리학의 도시다. 경복궁을 중심으로 사방을 지켜준다는 사신들에 겹겹이 둘러싸여 있다. 마치 한 떨기 꽃송이를 닮은 도시다. 경복궁 근정전은 꽃잎 속 씨방처럼 고갱이에 자리한다. 한 나라의 역사를 일궈내 열매 맺은 꽃술 자리다. 500여 년 조선 역사의 상징적인 장소다.

하늘의 운행 원리를 고스란히 지상에 구현한 한양을 자세히 살펴보자. 한양 바깥쪽의 사신은 북쪽이 삼각산, 동쪽이 용마산, 남쪽은 관악산, 서쪽은 덕양산이다. 신기하게도 600여 년 전에 지정된 한양의 외사신사가 얼추 지금의 서울이 되었다.

안쪽의 사방을 지켜주는 사신은 백악산, 낙산, 목멱산, 인왕산이다. 한양은 내사신사인 산들을 연결하여 도성을 쌓았다. 그리고 사대문과 사소문을 두었다. 문의 이름들은 오상인 인의예지仁義禮智에 맞게 지었다. 오상五常은 인간이 지켜야 할 다섯 가지 도리이다. 하늘의 목화토금수 다섯 행성에 대응하는 인간사다. 오상은 하늘을 쫓아 올바른 심성으로 살고자 하는 인간 의지의 또 다른 표현이다.

궁궐인 경복궁에도 사대문을 두었다. 사방의 출입문 천장에 신령한 사신을 그려서 각 방위의 상징성을 부여하였다. 동쪽 건춘문에는 청룡, 남쪽 광화문에는 봉황, 서쪽 영추문에는 기린, 북쪽 신무문에는 거북과 뱀의 문양을 한 쌍씩 그렸다.

특이하게도 영추문에는 통상적인 서쪽 사신인 백호를 그리지 않았다. 대신 기린을 그렸었다고 한다.

세종대왕의 명으로 이순지에 의해 편찬된 『천문류초』을 살펴보면,

경복궁 서쪽 영추문 천장의 홍예, 린 그림.

서쪽 영물로 기린이 나온다. 서쪽 일곱 개의 별자리인 규·루·위·묘·
필·자·삼 중에서 6번째인 자수觜宿와 7번째인 삼수參宿를 기린의 상
으로 보았다.『공자가어』에서도 기린이라고 하였다.

"서쪽 모충毛蟲 360종류 중에 기린[麟]이 어른이 된다"

그런데 영건일기에는 기린麒麟이 아니라 린獜이라는 짐승으로 표기
되어 있다.『산해경』을 보면 아래와 같이 묘사되어 있다.

"의고의 산에 짐승이 있는데, 그 모양이 개 같고 호랑이 발톱에 갑옷처럼 단단
한 껍데기를 갖고 있다. 그 이름을 린이라 부른다. 依軲之山有獸焉 其狀如犬
虎爪有甲 其名曰獜"

지금 영추문의 천장 그림을 얼핏 보면 이 린獜에 가까워 보이기도
한다. 문헌을 다시 검증해서 원래 서쪽 사령四靈인 기린의 그림으로
바꾼다고 하니 지켜볼 일이다.
조정의 중심인 근정전 상월대 사방에는 사신을 조각하여 세워놓았
다. 이렇게 사방에 임금을 호위하는 사신들을 겹겹이 포진시켜 놓
았다. 사신은 사악함을 막아주는 벽사의 의미로 나라의 안녕을 기
원하는 상징들이다.
다시 한번 정리해 보자. 한양 바깥쪽 사신은 삼각산·용마산·관악산·
덕양산으로 첫 번째 겹이다. 안쪽 사신은 백악산·낙산·목멱산·인왕
산이다. 여기에 도성 사대문인 숙정문·흥인지문·숭례문·돈의문이
쌍으로 두 번째 겹을 이루고 있다. 그리고 경복궁의 사대문인 건춘

보현봉에서 본 서울 전경.

한양 지형 스케치(고 장영훈교수)

한양 도성의 4대문 중 남쪽 숭례문.

한양 도성의 4대문 중 동쪽 흥인지문.

한양 도성의 4대문 중 서쪽 돈의문.

한양 도성의 4대문 중 북쪽 숙정문

경복궁 4대문 중 남쪽 광화문 홍예 주작 그림.

경복궁 4대문 중 동쪽 건춘문 홍예 청용 그림.

경복궁 4대문 중 서쪽 영추문 홍예 린 그림

경복궁 4대문 중 북쪽 신무문 홍예 현무 그림.

경복궁 근정전 월대 위 남쪽 주작 조각상.

경복궁 근정전 월대 위 동쪽 청룡 조각상.

경복궁 근정전 월대 위 서쪽 백호 조각상

경복궁 근정전 월대 위 북쪽 현무 조각상

한양 도성의 중심 근정전.

문·광화문·영추문·신무문이 세 번째 겹이다. 마지막으로 근정전 상월대에서 사방을 호위하고 있는 청룡·봉황·호랑이·거북이의 돌조각 사신이 네 번째 겹을 이루고 있다. 마치 겹겹의 꽃잎에 둘러싸인 한 떨기 꽃송이를 닮지 않았는가. 그 중심에는 황룡인 임금이 자리했었다. 정도 600년 서울의 본래 모습이다.

조선은 성리학의 나라였다. 수도인 한양은 하늘의 운행 원리를 그대로 구축 원리로 삼아 건설되었다. 한양은 바로 하늘의 별자리를 지상에 구현한 성리학의 도시다. 별자리로 보면, 한강漢江은 하늘에 무리 지어 흐르는 은하수로 상징된다. 조선의 수도였던 한양은 세계에서 유일하게 한 나라의 통치 이념을 지상에 실제로 구현한 도시였다. 600여 년의 고도 서울은 아주 특별한 의미를 지닌 도시다.

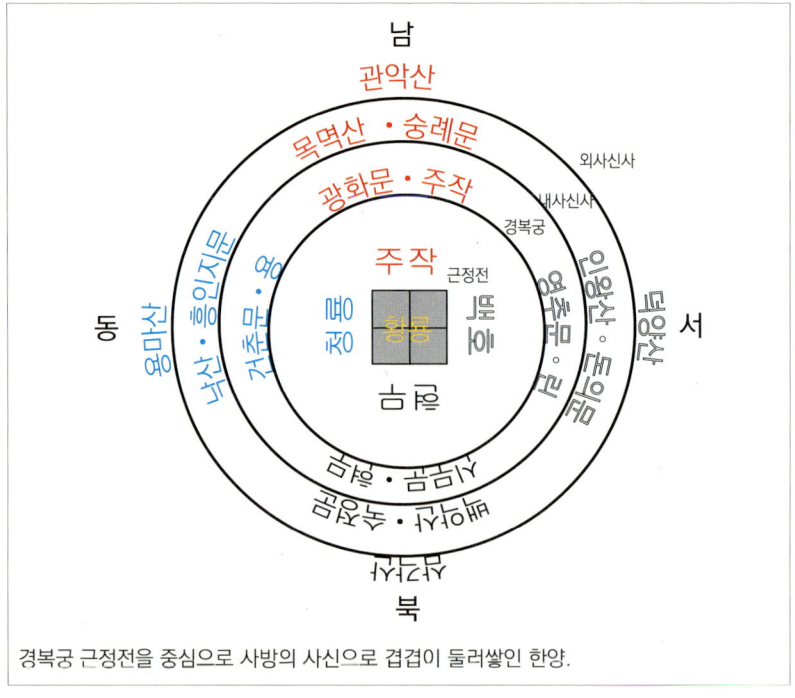

경복궁 근정전을 중심으로 사방의 사신으로 겹겹이 둘러쌓인 한양.

조선의 중심임을 상징하는 근정전 실내 용상과 천정의 황룡.

사방을 지켜준다는 사신은 하늘의 28수 별자리다

한양의 사방에 겹겹이 포진된 사신四神은 하늘의 이십팔수 별자리에 근거한다. 북극성을 중심으로 동서남북을 대표하는 별자리들이 있다. 사방 각각 일곱 개씩의 별자리들로 이루어져 있어 이십팔수라 부른다. 각각 일곱 개씩의 별자리들을 연결하면 하나의 동물 모양들이 만들어진다. 동쪽은 용, 서쪽은 호랑이, 남쪽은 새, 북쪽은 거북이 형상이다. 이들이 사방을 지켜준다는 상서로운 동물들이다. 이를 상징화시킨 게 사신이다.

하늘의 신령한 사신들이 지상의 우리네 삶을 보호 해준다고 믿었다. 살아서뿐만 아니라 죽은 뒤에도 사신들이 죽은 혼령을 지켜줄 거라 여겼다. 고구려나 백제의 고분 속에서 발견되는 사신도가 이런 반증이다.

국보 제228호인 〈천상열차분야지도〉를 바탕으로 사신을 설명하는 게 좋겠다. 우리가 매일 쓰는 일만 원권 지폐 뒷면 배경 그림인 별자리이기도 하다.

하늘의 28수는 동방이 용의 형상이고, 서방은 호랑이의 형상이다. 이 두 동물은 모두 머리는 남쪽을 꼬리는 북쪽을 향하고 있다. 남방은 새의 형상이고, 북방은 거북이의 형상이다. 이 두 동물은 모두 머리는 서쪽을 꼬리는 동쪽을 향하고 있다고 표기 되어 있다.

동쪽 일곱 개의 별자리 이름은 각·항·저·방·심·미·기로 32개의 별로 이루어져 있고, 하늘의 75도를 차지하고 있다. 서쪽 일곱 개의 별자리 이름은 규·루·위·묘·필·자·삼으로 51개의 별로 이루어져 있고, 하늘의 80도를 차지하고 있다. 남쪽 일곱 개의 별자리 이름은 정·

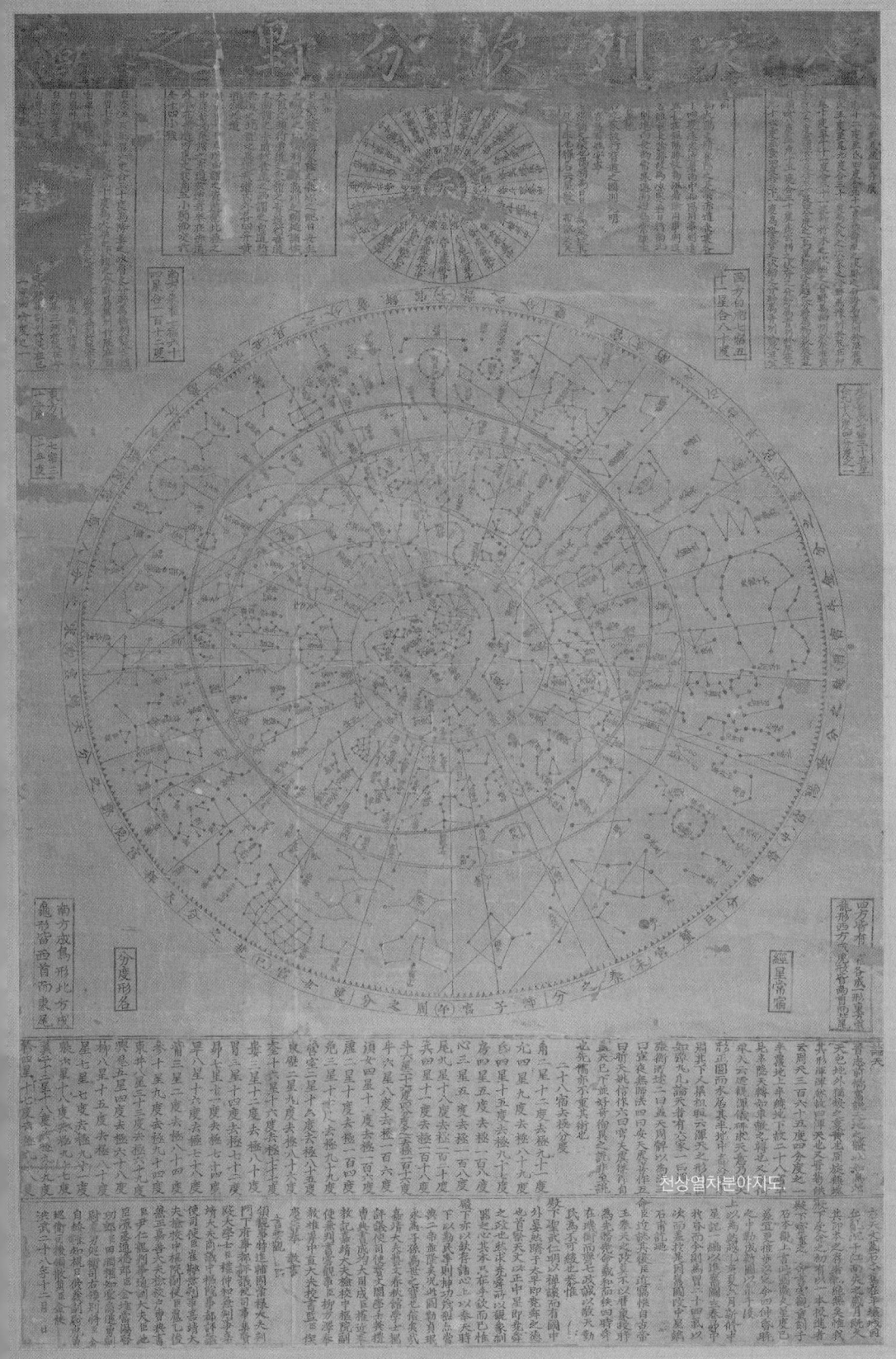
천상열차분야지도

귀·유·성·장·익·진으로 64개의 별로 이루어져 있고, 하늘의 112도를 차지하고 있다. 북쪽 일곱 개의 별자리 이름은 두·우·여·허·위·실·벽으로 35개의 별로 이루어져 있고, 하늘의 98과 1/4도를 차지하고 있다. 하늘의 사방 28수는 총 182개의 별로 구성되어 있다. 28수는 하늘의 365와 1/4도로 분포되어 1년 12달 365일을 표상한다. 1년은 365일과 약 6시간 정도다. 남는 6시간이 있어 4년에 한 번씩 윤달을 둬야 한다. 바로 1년 중 하루가 더해진 2월 29일이다. 일찍부터 우리 조상들은 지금 쓰이는 달력과 거의 근사한 시간을 알아내 사용했음을 알 수 있다.

우리가 흔히 쓰는 좌청룡左靑龍의 의미는 이렇다. 방위로는 동쪽이고 푸른색이며 상징 동물은 용이라는 뜻을 함축하는 단어다. 우백호右白虎는 서쪽이고 흰색이며 상징 동물은 호랑이라는 의미다. 전주작前朱雀은 남쪽이고 붉은색이며 상징 동물은 새다. 후현무後玄武는 북쪽이고 검은색이며 상징 동물은 거북이다. 사방의 방위와 고유의 색과 상서로운 동물 정보가 담긴 상징 언어들이다. 이 속에는 음양오행의 원리도 작동되고 있다.

중앙은 황룡黃龍의 자리이다. 임금을 상징하는 중심 자리다. 그 정점에 경복궁 근정전이 자리한다. 그래서 근정전 천장을 올려다보면, 황룡 두 마리가 여의주를 가지고 노는 문양이 장식되어 있다. 여기는 하늘을 대신하는 왕의 자리라는 상징이다. 세상의 중심으로 만물을 통솔하는 자리다. 별자리로 치면 하늘 정 가운데 붙박이별로 알려진 북극성의 자리다. 왕이 임금의 지위에 오름을 등극登極이라 한다. 왕이 북극성의 자리에 올라 하늘을 대리해 세상을 다스린다는 비유이기도 하다.

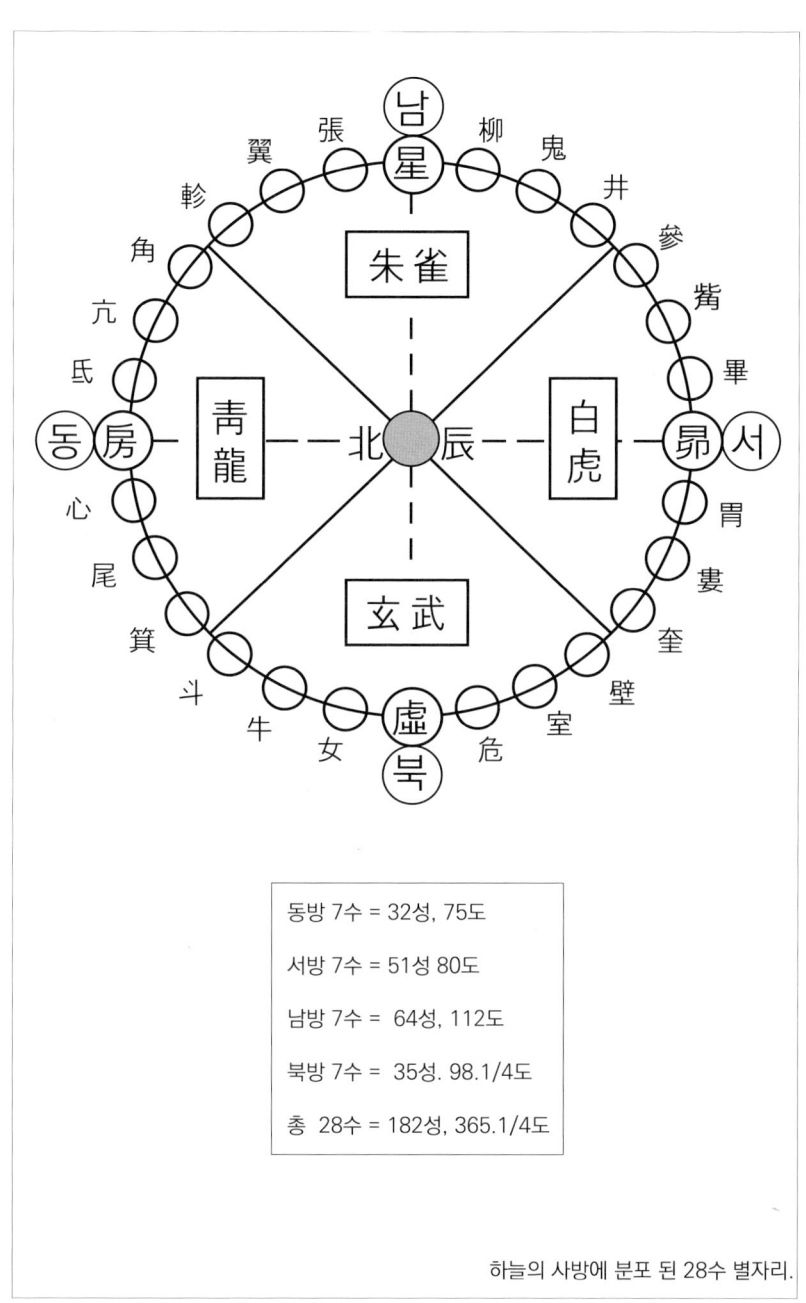

하늘의 사방에 분포 된 28수 별자리.

세종대왕은 우리 땅에 맞는 독자적인 정확한 시간체계를 세웠다

별자리의 중심은 북극성이다. 1년 내내 거의 움직임이 없이 하늘 가운데 자리하고 있다고 믿었기 때문이다. 사방에 골고루 분포된 이십팔수의 항성들이 날실로 바탕을 이룬다. 그 위를 끊임없이 움직이는 해와 달 그리고 행성들인 수·화·목·금·토의 오성이 씨줄처럼 움직이며 매일매일의 천문이 짜진다.

이런 하늘의 움직임은 곧 지상의 인간사에 영향을 미친다고 여겼다. 흔히 점성술이라고 불리기도 하지만, 하늘을 대신하는 임금에게는 매우 중요한 일이었다. 매일매일 천문을 관측해 백성들에게 농사 때를 알려줘야 하는 게 천자의 중요한 임무였기 때문이었다. 옛날에 시간은 천자만이 주관할 수 있는 고유한 권한이었다. 지금이야 흔한 게 달력이지만, 조선시대에는 중국에 동지사를 보내 명년달력을 받아왔었다.

조선왕조실록 세종 4년 1월 1일 기미 두 번째 기사를 한번 보자.

"일식이 있으므로, 임금이 소복素服을 입고 인정전의 월대月臺 위에 나아가 일식을 구救하였다. 시신侍臣이 시위하기를 의식대로 하였다. 백관들도 또한 소복을 입고 조방朝房에 모여서 일식을 구하니 해가 다시 빛이 났다. 임금이 섬돌로 내려와서 해를 향하여 네 번 절하였다. 천체의 운행을 관측[推步]하면서 1각刻을 앞당긴 이유로 술자術者 이천봉李天奉에게 곤장을 쳤다."

천체를 관측하는 담당자가 일식 시간을 잘못 관측해 곤장을 맞았다는 내용이 들어있다.

경복궁 내 흠경각. 세종 때에 시간을 관장하던 전각이다.

1각을 틀렸는데 지금으로 치면 15분 정도의 시간이다. 아마도 세종은 술사가 왜 일식 시간을 정확하게 관측하지 못했을까? 깊이 고민했을 것이다. 세종대왕 때, 중국의 천문서인 수시력授時曆뿐만 아니라 아랍의 회회력回回曆까지 번역하여 우리 실정에 맞는 『칠정산 내·외 편』을 짓게 하였다.

이런 천문 연구를 토대로 우리나라 하늘에 맞는 우리 시간을 정확히 알아내었다. 세종대왕의 노력으로 비로소 우리는 이 땅에 맞는 우리의 독자적인 정확한 시간을 갖게 되었다. 이것이 지도자의 바람직한 역할이 아닌가 한다. 비록 힘의 논리에 의해 움직이는 국제정세를 따르더라도 지도자는 주체적이어야 한다. 그래야 백성이 웃는다. 역사가 그리 말해준다.

훈민정음을 창제한다고, 우리만의 독자적인 천문을 연구한다고 극렬히 반대하던 그때의 대신들이 지금이라 없을까? 이제는 나라의 주권을 가진 국민이 주체적이어야 할 시대다. 경복궁 흠경각과 수정전 앞에서 내가 늘 사람들에게 자랑스레 들려주는 세종대왕 이야기다.

동양은 이런 하늘의 운행 원리를 그대로 지상에 구현해 인사로 치환시킨 역사다. 하늘 중심에 자리한 북극성은 사방에 분포된 이십팔수를 일월 오성을 부려 다스린다고 볼 수 있다. 이십팔수는 온 나라 백성에, 신하들은 일월 오성에 비견된다. 지상에서는 임금이 중앙에 앉아 신하들의 보필을 받아 만백성을 보살핀다. 임금이 하늘을 대신하는 천자로 불리는 이유다. 천인합일 사상이다. 이 속에 동양철학의 원리가 그대로 들어있다.

『논어』 위정편에 이런 동양의 정치철학을 엿볼 수 있는 대목이 나온다.

"공자가 말하였다. 임금이 백성을 덕으로써 다스린다고 함은 비유해서 말하자면, 북극성이 하늘 정 가운데 있고 뭇별들이 북극성을 공경하며 따름과 같다.

子曰 爲政以德 譬如北辰居其所而衆星共.

혼상渾象과 설명, 경기도 여주 세종대왕 영릉 공원 내 위치

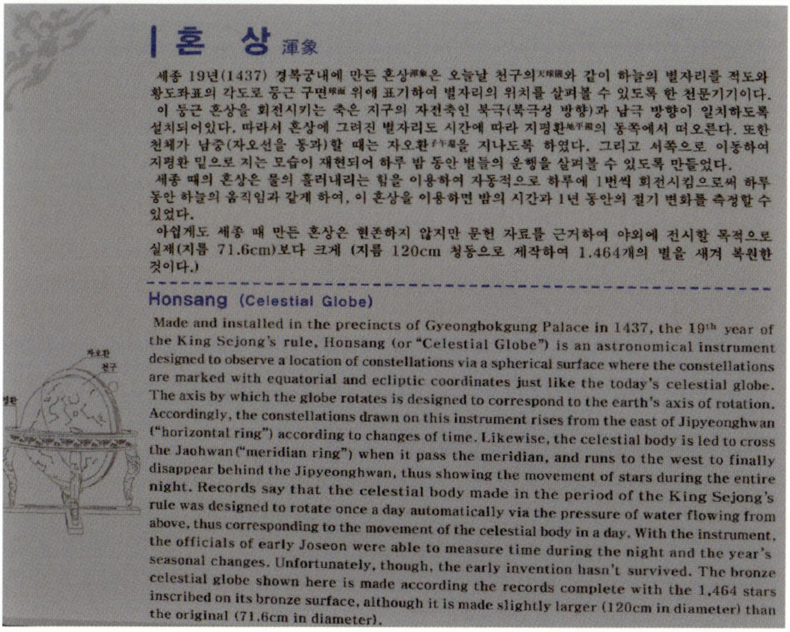

혼 상 渾象

세종 19년(1437) 경복궁내에 만든 혼상渾象은 오늘날 천구의天球儀와 같이 하늘의 별자리를 적도와 황도좌표의 각도로 둥근 구면球面 위에 표기하여 별자리의 위치를 살펴볼 수 있도록 한 천문기기이다. 이 둥근 혼상을 회전시키는 축은 지구의 자전축인 북극(북극성 방향)과 남극 방향이 일치하도록 설치되어있다. 따라서 혼상에 그려진 별자리도 시간에 따라 지평환地平環의 동쪽에서 떠오른다. 또한 천체가 남중(자오선)할 때는 자오환子午環을 지나도록 하였다. 그리고 서쪽으로 이동하여 지평환 밑으로 지는 모습이 재현되어 하루 밤동안 별들의 운행을 살펴볼 수 있도록 만들었다.

세종 때의 혼상은 물이 흘러내리는 힘을 이용하여 자동적으로 하루에 1번씩 회전시킴으로써 하루동안 하늘의 움직임과 같게 하여, 이 혼상을 이용하면 밤의 시간과 1년 동안의 절기 변화를 측정할 수 있었다.

아쉽게도 세종 때 만든 혼상은 현존하지 않지만 문헌 자료를 근거하여 야외에 전시할 목적으로 실제(지름 71.6cm)보다 크게 (지름 120cm 청동으로 제작하여 1,464개의 별을 새겨 복원한 것이다.)

Honsang (Celestial Globe)

Made and installed in the precincts of Gyeongbokgung Palace in 1437, the 19th year of the King Sejong's rule, Honsang (or "Celestial Globe") is an astronomical instrument designed to observe a location of constellations via a spherical surface where the constellations are marked with equatorial and ecliptic coordinates just like the today's celestial globe. The axis by which the globe rotates is designed to correspond to the earth's axis of rotation. Accordingly, the constellations drawn on this instrument rises from the east of Jipyeonghwan ("horizontal ring") according to changes of time. Likewise, the celestial body is led to cross the Jaohwan ("meridian ring") when it pass the meridian, and runs to the west to finally disappear behind the Jipyeonghwan, thus showing the movement of stars during the entire night. Records say that the celestial body made in the period of the King Sejong's rule was designed to rotate once a day automatically via the pressure of water flowing from above, thus corresponding to the movement of the celestial body in a day. With the instrument, the officials of early Joseon were able to measure time during the night and the year's seasonal changes. Unfortunately, though, the early invention hasn't survived. The bronze celestial globe shown here is made according the records complete with the 1,464 stars inscribed on its bronze surface, although it is made slightly larger (120cm in diameter) than the original (71.6cm in diameter).

항화마진언 抗火魔眞言

우리 집에 손님이 한 분 계시니
바로 바닷속을 다스리시는 분이다.
입에는 하늘을 삼킬만한 큰물을 머금고 계시니
능히 불 마귀[火魔]를 막아 제압하실 분이다.

한국 사찰의 화마를 막아 물리치는 이야기

통도사의 단오절 용왕제

해인사의 단오절 소금묻기와 문화행사

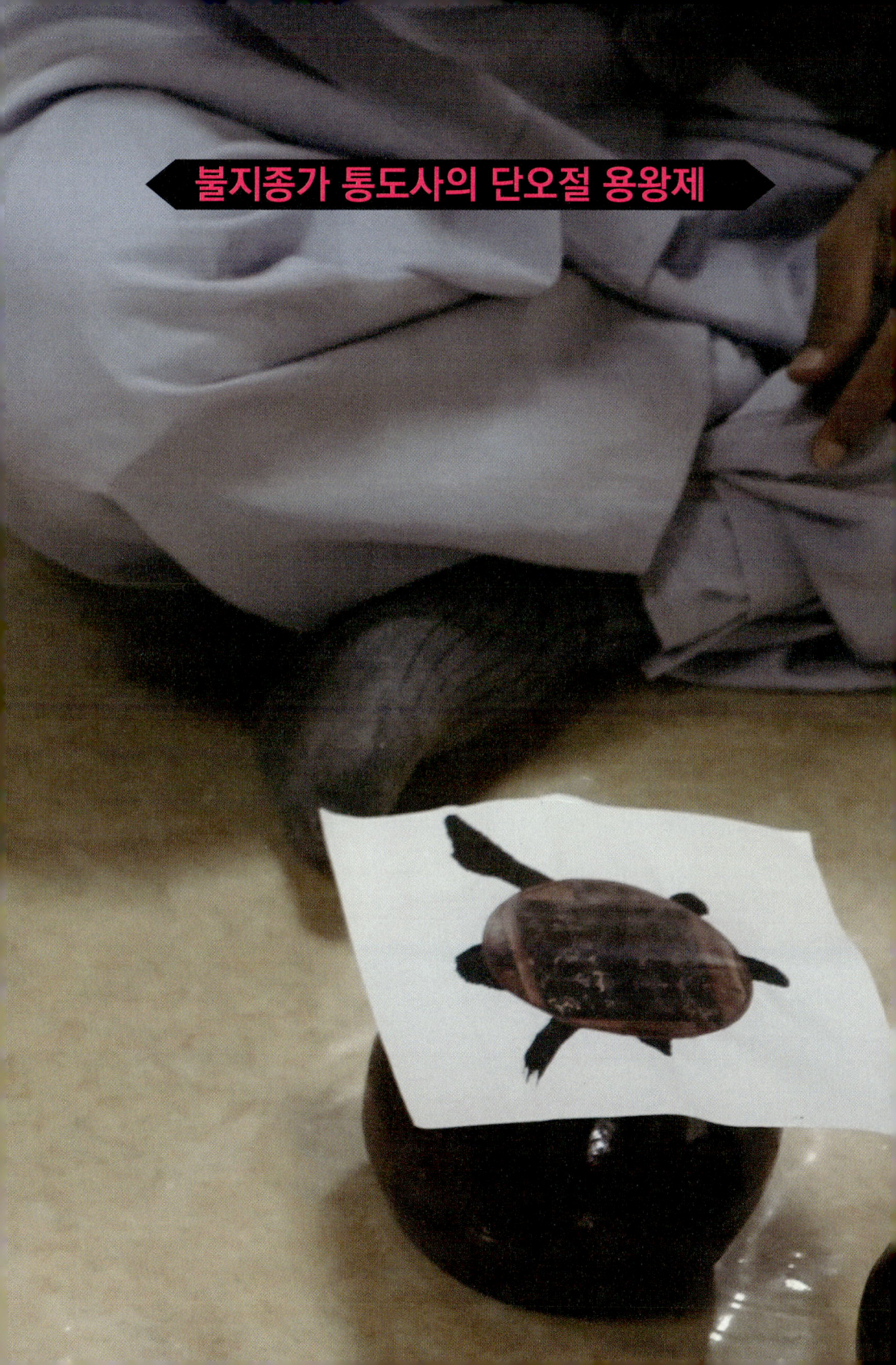

불지종가 통도사의 단오절 용왕제

화마를 막아 저지하는 진언

통도사는 매년 단오절에 소금단지를 차려놓고 구룡지에서 용왕제를 지낸다. 이 소금단지들은 각 전각의 처마 밑 사방 기둥머리에 올려진다. 소금은 바다를 상징하고, 바다는 부처님의 진리가 있는 곳이다. 그래서 예전에는 직접 동해 바닷물을 떠다 용왕제를 지내기도 했다. 물의 신 용왕님이 화마를 막아 물리쳐, 부처님이 계신 사찰의 전각들을 지켜주리라는 믿음이다. 바로 대광명전의 항화마진언이다.

부처님에 대한 존경심이 절로 우러나도록 잘 짜인 가람의 동선

글을 쓰기 위해서는 사찰의 단오절 행사를 직접 참관해 보아야 한다. 당일 통도사 단오 용왕제에 참석하려면 큰맘을 먹어야 한다. 때마침 단오 며칠 전, 울산시청에서 〈한국건축 속의 인문학〉 강의 일정이 잡혔다. 울산까지 내려가 강의하는 김에 양산 통도사를 먼저 답사하기로 맘먹었다. 용왕제 행사는 나중에 사찰 홈페이지 자료를 참고해 보기로 했다.

당일 일찍 KTX를 타고 통도사로 향했다. 대중교통을 이용해 가보는 건 처음이지 싶다. 울산역에 내려서 통도사 가는 버스를 기다린다. 띄엄띄엄 다니는 완행버스 한 대뿐이다. 한참을 기다려 버스를 타니 승객은 서너 명으로 한산하다. 버스는 이내 시골길로 접어든다. 마치 봇도랑의 물처럼 구불구불 이 마을 저 마을로 찾아다니며 사람들을 태우기도 내려주기도 한다. 차창 밖으로 통도사를 품은 영축산이 보이다가 안 보이다가를 반복한다. 양산의 풍경들이 조금씩 스며 들어와 내 몸에 머문다. 불편이 주는 선물이랄까, 바쁘게만 살던 내가 시골 완행버스에 앉아 이런 위로를 받다니. 오랜만에 온전히 느껴보는 혼자만의 호젓함이다. 계곡 물소리를 들으며 산문에 들어선다. 아름드리 소나무 숲이 울창한 흙길을 천천히 걸으며 난 지금 산사로 간다. 아! 참, 좋다.

절로 들어서면 발걸음은 저절로 부처님에게로 향한다. 부처님은 사찰의 가장 높고 깊은 자리에서 사람들을 기다린다. 잘 짜인 사찰 전각들은 사람들의 발걸음을 부처님에게로 이끈다.

시골 할머니가 부처님을 뵈러 가는 길을 상상해 본다. 집 떠난 할머니는 보따리를 꼭 움켜쥐신 채 걷고 또 걸으며 절로 가신다. 꽤 먼 길을 걸어 드디어 산사 입구에 들어섰다. 다리를 건너기도 전에 불국토를 향해 합장부터 하신다. 울울창창 솔숲 끝에 부처님의 손짓인 양 일주문이 살짝 보인다. 문에 다다르자마자 두 손을 모아 마음을 다해 절을 올린다. 몇 개의 계단을 오르면 휘어진 길 끝에 천왕문의 발치가 엇비슷 드러난다. 계단 아래서도 연신 합장한다. 천천히 내딛는 발걸음 한발 한발이 정성이고 기도다. 동서남북을 지키는 사천왕에게 일일이 또 절을 올린다. 저기 가파른 계단 위에 하늘 아래 첫 문인 양 불이문이 보인다. 절에서 문은 진리에 이르는 방편이라지만, 할머니께는 간절히 뵙고 싶은 부처님의 마중이다. 해탈문 틈 너머로 본존불 전각이 꽉 들어찼다. 마지막 누마루 아래를 통과하자마자 확 트인 본존 마당이 나타난다. 정갈한 탑과 장명등이 지장보살이 든 육환장처럼 할머니를 반긴다. 저만치 웅장하고 화려한 불전이 환하게 눈앞을 메운다. 절로 손을 모아 몸을 숙여 가며 절을 올린다. 연신 나무아미타불 관세음보살을 부른다. 부처님에 대한 존경심이 저절로 우러나도록 잘 짜인 가람의 동선이다. 종교 전략이라고 하면 좀 불경스럽지만, 사실이다.

물론 사찰의 이런 동선은 수미산의 개념을 본뜬 상징에 가깝지만 말이다. 수미산은 불교의 우주관에서 세계의 중심에 있다는 상상의 산이다. 사찰의 첫 문인 일주문은 불국토인 수미산에 들어섰음을, 두 번째인 천왕문은 사천왕이 지키는 산 중턱에 이르렀음을, 해탈의 경지를 상징하는 세 번째인 불이문은 제석천이 주관하는 도리천 정상에 올라섰음을 상징한다. 이제 33천이라고 불리는 완전한 불법의 세계에 들어선 것이다. 불국사의 불이문은 자하문이다. 문으

통도사로 가는 소나무 숲길.

영축산 아래 통도사 전경.

로 오르는 청운·백운교가 33개의 계단으로 이루어진 것도 도리천의 상징을 본뜬 것이다.

이런 동선을 쏙 빼닮은 게 궁궐이다. 어렵게 과거시험에 급제한 유생이 철통같은 3개의 문을 통과하여 왕을 뵈러 가는 동선과 유사하다. 궁궐 수문을 지키는 장졸들의 위세는 수미산의 금강역사나 사천왕 버금간다. 유생은 자기 밥그릇까지 달린 곳이니 더 위축되었을 것이다. 3개의 문을 통과해 드디어 넓은 조정 마당에 들어섰다. 나라 안에서 제일 큰 정전이 높은 월대 위에 화려하고 웅장하게 서 있다. 감히 고개를 들어 올려다볼 수도 없는 임금님의 집이다. 언감생심 임금님의 용안을 올려다볼 수도 없었을 것이다. 유생이 유일하게 할 수 있는 다짐은 오직 임금님에 대한 충성뿐이다.

왕즉불王則佛이라고 왕은 부처님의 후광을 자기 통치의 배경으로 종종 활용했다. 경복궁과 불국사의 전각들 배치가 서로 비슷한 게 이런 이유다. 건축을 통해서 들여다볼 수 있는 재미다.

개인적으로 천안에 있는 독립기념관이 이런 목적을 가지고 지어진 현대건축물이고 생각한다. 거대한 기념관 본관까지 가는 길에 사찰이나 궁궐에 있는 단계적인 장치들은 안 보인다. 이끌어 주며 저절로 스며들게 하는 건축적인 동선이 생략되었다. 현대건축용어로 시퀀스(Sequence) 없는 일직선의 진입로다. 그 길 끝에는 과장된 형태의 기념관만 버티고 있을 뿐이다. 오직 세계에서 제일 크게 지어야지만 자랑거리가 된단다. 한국건축의 전통성을 강조하라니, 지붕에 기와를 올리고 처마와 공포를 억지로라도 도입해야 했다. 우리 건축의 구축 원리는 제겨두고 겉모습만 흉내 낸 듯해 좀 쓸쓸하다. 기념관이 처음 완공되고 취재하러 갔을 때, 다시는 방문하고 싶지

불국사 불이문인 자하문과 33개의 계단으로 구성된 청운교, 백운교.

삼문 삼조로 이루어진 경복궁 전경.

않다는 생각이 들었었다. 이유를 곰곰 생각해 보니, 기념관이 억지로 참배를 강요하는 듯한 동선을 취했기 때문이었다. 정통성이 모자란 정권에서 주로 하는 무리수다. 나라 사랑이 강요한다고 되는 일이던가. 오히려 부담스러울 뿐이다.

절로 가려면 먼저 다리를 건너야 한다

산사로 들어서려면 먼저 개울을 건너야 한다. 불자들은 부처님을 뵙기 전에 흐르는 물에 내 마음을 깨끗이 씻어야 한다고 여긴다. 그래서인지 통도사 일주문 앞 다리 이름은 사람 마음을 뜻하는 삼성반월교三星半月橋다. 한자로 마음 심心 자를 파자해 세 개의 점 획은 별, ㄴ 닮은 획은 반달로 상징 삼아 지은 다리 이름이다.
물론 사찰이니 개울물은 향수해香水海로 보면 좋겠다. 가람 앞의 물은 수미산을 둘러싸고 있다는 연꽃 피는 향기로운 바다의 상징 체계로도 볼 수 있다.
다리를 건너면 산사의 첫 문인 일주문一柱門이 보인다. 성과 속을 가르는 절의 첫 문이다. 한 줄의 기둥 즉 일심一心의 상징이라고도 한다. 세상의 번뇌를 해탈하여 열반의 세계에 도달하려면, 마음을 하나로 다잡고 여기 절로 들어오라는 방편이다.
하지만 한국 사찰 앞의 물길은 땅의 지기를 지켜주는 장치다. 대체로 사찰이나 궁궐 그리고 조선왕릉 앞에는 물길이 있다. 대체로라기보다는 모두 다 있다고 해야 더 맞을 것이다. 자연적인 물길이 없으면 인공 수로라도 만들었다.

사람 마음을 뜻하는 삼성반월교.

일주문 앞 삼성반월교.

사람의 몸에 기운이 있듯이 땅에도 기운이 있다. 이를 땅의 생기라고 하는데, 바람을 맞으면 흩어지고 물을 만나면 멈추는 성질을 가지고 있다. 힘차게 뻗치는 산의 기운이 저장되어 있고, 물을 얻을 수 있는 장소를 최상의 터전으로 여겼다. 장풍득수藏風得水다. 즉 우리가 흔히 말하는 풍수다.

사찰 앞의 이상적인 물길은 주로 Y자형이다. 물길이 땅 기운을 이 이상 밖으로 못 빠져나가게 가두고 있는 형국이다. 백두산에서 시작된 생기 충만한 땅 기운이 모여 있는 자리다. 바로 이런 주머니처럼 생긴 물길 안에 사찰이 자리한다. 마치 과일이 나무의 줄기가 아닌 가지 끝에 열리는 이치와 같다.

생기 가득 고인 터에 튼실한 가람을 지어 부처님의 지혜로 세상이 늘 이로워지기를 바랐다. 좋은 땅 기운을 받아 늘 생기발랄한 삶을 길이 누리고자 하는 인간의 염원이다.

죽어서까지 그런 땅을 모두 선호한다. 이는 사찰이나 궁궐 그리고 일반 가옥과 무덤까지 모두가 바라며 찾는 터다.

화재로 인해 이런 삶의 터전을 한순간에 통째로 잃는 경우가 종종 발생한다. 그래서인지 화마로부터 집을 지켜내려 갖가지 방법을 고안해 내었다. 이런 간절한 행위가 하나의 독특한 문화를 형성했다. 여기 통도사는 바다에 사는 용왕님의 힘을 빌려 화마를 막아 물리친다. 매년 음력으로 5월 5일 단옷날에 행사를 연다. 구룡지에 소금단지를 진설하고 단오절 용왕제를 지낸다. 각 전각의 네 귀퉁이 기둥머리에 소금을 내리고 다시 올리는 연례행사다.

우리나라 사찰 중에는 유일하게 통도사 대광명전 불당에 화마를 막아 저지하는 진언이 붙어 있기도 하다.

창덕궁 금천교. 이 다리를 건너야 임금이 거처하는 궁궐로 들어설 수 있다.

동구릉에 있는 태조 이성계의 건원릉 앞 물길과 다리.

진리는 늘 현장에 있다

"통도사 좀 갔다가 오려고"
"또 가, 그 먼 곳을"
전통 건축 답사를 다니다 보면, 주변 지인들에게 자주 듣는 핀잔 섞인 말이다. 한 번도 아니고 몇 번씩 다녀온 델 뭐 하러 또 가냐는 의아한 반응이다. 단순한 관광이라면 그런 질문을 할 법도 하다. 하지만 답사는 다르다. 갈 때마다 새로운 사실이 자꾸 보이기 때문이다. 아는 만큼 보일 때도 있고, 보이는 만큼 알 때도 있다. 특히 글을 쓰려고 현장을 답사할라치면 기둥 하나도 따듯하게 만져보기 마련이다. 모든 게 예사롭지 않게 보인다. 그만큼 마음을 다해 애정으로 집을 대하게 된다. 이런 게 한국전통건축 답사의 묘미다.

가끔 얼굴이 화끈거릴 때도 많다. 답사자 삼사십 명을 인솔하며 해설해 주었다. 그런데 나중에 더 공부해 보니 아뿔싸, 내가 해설해 준 내용 중에 틀린 부분이 있었다. 나 스스로 무식해서 여러 명에게 공개적으로 거짓말을 하고 말았다. 여기서 끝이라면 그나마 다행이련만, 내 틀린 해설을 들은 사람이 또 다른 사람들에게 틀린 내용을 그대로 설명해 줄 수도 있는 노릇 아닌가. 거짓이 거짓을 낳아 사실을 호도하는 잘못이 퍼지니, 내가 죄인이다. 그때마다 참으로 곤혹스럽다.

우리 전통 건축의 구축 원리를 제대로 알고 이해하는 일은 참 어렵다. 집을 지은 선조들의 지혜를 따라잡기가 참 벅차다. 그래서 늘 현장을 찾고 또 찾는 것이다.

진리는 늘 현장에 있기 때문이다.

영축산 통도사 일주문.

절에는 왜 이리 용이 많을까?

통도사의 주산은 영축산靈鷲山이다. 분명 독수리나 수리를 뜻하는 취鷲라고 쓰여있다. 김정호의 대동여지도를 보면 이 산은 독수리 둥지라는 취서산鷲棲山이라 표기되어 있다. 하지만 여기 통도사에서는 다들 영취산이 아닌 영축산이라고 읽는다.

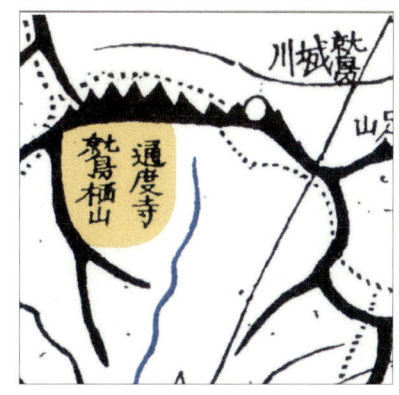

대동여지도에 나온 통도사와 취서산.

인도 영축산의 모양과 통한다 하여 지은 통도사 원경.

"이 산의 모양이 인도 영축산 모양과 통한다

此山之形 通於印度靈鷲山形"

하여 통도사通度寺라 이름 지었다고도 한다. 인도의 영축산은 석가세존이 묘법연화경을 설법했다고 전해지는 산이다. 신령스럽고 영험하여 석가모니불과 동일시되는 영산靈山이다. 그래서 석가모니 부처를 영산전에 모신다.

내 본관이 대구달성인 것처럼 영축산은 부처님을 따르는 불자들의 본관 즉 본향本鄕과 같은 의미다. 그래서 사찰의 이름도 부처님의 적통임을 내세운 "영축산 통도사靈鷲山 通度寺"다.

부처님의 진신사리를 모시고 온 자장율사는 인도의 영축산을 닮은 여기를 택지해 통도사를 지었다. 산 이름도 아예 영축산이라 명명했다. 석가모니불이 영산에서 법화경을 설법하는 정경을 그대로 묘사하여 신라에 영산회상을 구현하고자 했다. 통도사는 부처님이 영축산에서 불법을 설법하는 상황을 그대로 재현하고자 지은 불보사찰이다. 신라 선덕여왕 15년인 646년의 일이다.

자장율사는 경주 황룡사도 창건했다. 못을 메워 궁궐을 지으려던 터에 황용사 구층탑을 세웠다.

『서경』의 홍범편에 의하면, 오황극五皇極은 황제를 상징한다. 황제는 중앙에 위치하며, 숫자로는 5와 오색으로는 황색이며, 상상의 동물로는 황룡의 상징이다. 중국 자금성이 온통 황색으로 치장된 것이 이런 이유다. 보화전에 가보면, 황금색으로 치장된 옥좌 위에 "황건유극皇建有極"이라는 편액이 걸려있다. 황제는 백성들의 기준이 되어 지극한 법과 규범을 세운다는 뜻이다.

자장율사가 창건한 경주의 황룡사 터.

중국 북경에 있는 자금성의 보화전 내부

경복궁 근정전 천장의 쌍룡, 왕권의 상징이다.

자금성의 문들에 박힌 금빛 장식 못은 모두 81개로 되어 있다.

황룡은 왕의 상징인데 곧 부처와 동격이라는 의미도 된다. 고대 왕들은 종종 부처님의 후광을 빌어 자기의 통치 수단으로 삼았다. 황룡이란 이름은 신라 선덕여왕 당시 왕권 강화를 위해 사찰을 건립했다는 실마리가 아닌가 싶다.

전국에 걸쳐 구룡九龍이라는 이름을 가진 폭포와 못이 참 많다. 범접하기 어려운 깊고 오묘한 물속에는 꼭 아홉 마리 용이 산다는 전설이 깃들어 있다.

여기 통도사도 아홉 마리의 삿된 용이 살던 못을 메워 세웠다 한다. 두 사찰 모두 못을 메워 사찰을 세웠다. 또 용과 숫자 9가 똑같이 등장한다.

통도사 초입에는 용이 도망치다 부딪쳐 피를 흘렸다는 용혈 바위가 있다.

180 - 불 마귀를 제압하라

통도사 창건설화와 관련된 구룡자, 눈먼 용 한 마리가 절을 지키고 있다고 전해진다.

동양에서 숫자 9는 양수로 최고의 수다. 그래서 9는 천자를 뜻하는 상징 숫자로 종종 활용된다.

중국 자금성에 갈 일이 있거들랑 심심풀이 삼아 문들에 박힌 금빛 장식 못이 몇 개인지 세어보라. 모든 문의 광두정廣頭釘은 하나같이 9×9=81개로 박혀 있다.

동양에서 상상의 동물인 용은 천자를 상징한다. 그래서인지 최고로 인식되는 용 등의 비늘도 9의 극진한 숫자인 81개라 전한다. 동양에서 황룡과 숫자 9는 황제가 아니면 그 누구도 넘볼 수 없는 최상의 상징이다.

통도사 창건 설화에 의하면 자장율사가 절을 지으려 할 때, 9마리의 사악한 용들이 훼방을 놓았다고 한다. 스님이 용을 쫓아냈는데 3마리는 동쪽으로 5마리는 남쪽으로 도망쳤다. 그래서 지금도 통도사 주변에는 용이 도망친 삼동골과 오룡동이라는 지명이 유래되고 있다. 그뿐만이 아니라 절 초입에는 급하게 도망치던 용들이 바위와 부딪쳐 피를 흘렸다는 용혈 바위도 있다.

나머지 눈먼 용 한 마리는 스님에게 참회하여 대웅전 서쪽 구룡지에 남아 지금도 절을 수호하는 중이다. 통도사는 매년 단오절에 여기 구룡지에서 소금단지를 차려놓고 용왕제를 지낸다.

소금은 바다를 상징한다. 그래서 예전에는 직접 동해 바닷물을 떠다 용왕제를 지내기도 했다. 물의 신 용왕이 사찰의 화재를 막아 전각들을 지켜주리라는 바람이다. 수극화水克火의 원리다.

불교에서 용왕이 주재하는 바다는 부처님의 진리가 있는 곳이다. 그래서인지 통도사를 창건한 자장율사의 영정과 대장경은 바다 해海자가 들어간 해장보각海藏寶閣에 봉안되어 있다.

통도사를 창건한 자장율사의 영정과 대장경이 보관 된 해장보각.

천왕문 앞쪽을 기준으로 우측 앞에 남방의 증장천왕, 뒤에 서방의 광목천왕이 자리한다.

깨달음을 얻으려는 중생들을 극락세계로 인도해 주는 반야용선

이번 통도사 답사는 여러모로 마음이 바쁘다. 지금껏 예사로이 보아넘기던 대광명전 내부가 너무 궁금하다. 빨리 가서 "항화마진언抗火魔眞言"을 꼭 확인해 봐야 한다. 이 책의 주제이기 때문이다.
그런데 천왕문의 남쪽을 수호하는 증장천왕增長天王부터 내 발걸음을 사로잡는다. 얼굴이 불그스레한 증장천왕이 오른손에는 용을 움켜쥐고 있고 왼손에는 여의주를 들고 있다. 분명 몸에 뱀을 두를 법한 인도의 토속신이라기보다는 한국화된 사천왕이다.
동양에서 용은 최고의 지위를 상징한다. 여의주如意珠는 용의 턱 아

천왕문 앞쪽을 기준으로 좌측 앞에 동방의 지국천왕, 뒤에 북방의 다문천왕이 자리한다.

래 있다는 구슬이다. 일이 뜻대로 이루어짐을 의미한다. 두 마리 용이 여의주를 가지고 노는 쌍룡농주雙龍弄珠는 최상의 상징이다.

경복궁 근정전 천정에는 두 마리 용이 여의주를 가지고 노는 문양이 붙어 있다. 중앙 오황극으로 왕권의 상징이다. 지금 이 자리가 세상의 중심 땅이고, 왕은 이 세상의 주인으로 만백성을 다스린다는 뜻이다. 참고로 통도사의 풍수 형국은 쌍용농주형이다.

대부분 사찰의 사왕천은 동양의 방위개념에 맞춘 얼굴색을 하고 있다. 동쪽의 지국천왕은 푸르스름한 색, 서쪽의 광목천왕은 흰색, 남쪽의 증장천왕은 불그스름한 색, 북쪽의 다문천왕은 거무스름한 색이다. 각각 좌청룡, 우백호, 전주작, 후현무에 맞춘 색이다. 사천왕

극락보전 뒷벽에 그려진 반야용선.

의 위치도 보면, 대체로 음양의 조화에 맞춰 앞쪽에는 양의 성질을 가진 동쪽의 지국천왕과 남쪽의 광목천왕이 자리한다. 뒤쪽에는 음의 성질을 가진 서쪽의 광목천왕과 북쪽의 다문천왕이 자리한다. 인도의 토속신이 한국으로 건너와 사찰을 지키는 우리식 사천왕의 모습으로 변신하였다. 동양의 음양오행 원리가 적용된 것이다. 문화는 이렇게 서로 영향을 주고받으면서 우열의 문제와 상관없이 살아 움직인다. 인도의 불교가 동아시아로 전파되면서 두 문화의 융합이 이루어졌다. 현지에 맞는 새로운 문화는 이렇듯 자연스레 만들어진다.

천왕문을 지나면 우측에 아미타불을 모신 극락보전이 있다. 전각 뒷면에는 그 유명한 통도사 극락전의 반야용선 벽화가 보인다. 깨달음은 얻으려는 중생들을 아미타불이 상주하는 서방정토로 인도해 가는 용 모양의 배다. 뱃머리는 용의 머리 형상이고 후미도 영락없는 용의 꼬리다. 배 앞에서는 인로왕보살引路王菩薩이 서서 뒤를 돌아보고 있고, 뒤에는 육환장을 든 지장보살이 서 있다. 배 가운데 부처님을 모신 전각을 중심으로 사람들을 가득 태우고 바다를 건너는 그림이다. 배 앞뒤로 돛을 높이 올려 펴고 서방 극락세계로 가는 항해다. 바다인데도 연꽃이 피어있다.

배 안의 사람들은 모두 앉아 앞을 보며 합장하고 있는데, 배 뒤편 한 사람만이 뒤를 돌아보는 모습이 꾀나 인상적이다. 얼굴을 돌려 뒤를 돌아보는 사람을 보면, 아직 속세에 대한 미련을 버리지 못했나 싶기도 하다. 무슨 사연이 있을 성싶어 갖가지 상상을 불러일으킨다. 뒤돌아보는 한 사람으로 인해 그림이 역동적으로 살아 움직이는 듯하다. 보는 이로 하여금 감정이입을 일으키게 만든다.

통도사의 모든 전각 사방 기둥머리에는 소금단지가 올려져 있다

하로전에는 부처님을 모신 영산전을 중심으로 좌측에는 극락보전이 우측에는 약사전이 앞쪽에는 만세루가 자리하고 있다. 하로전은 마당의 탑을 축으로 삼아 중심화되어 있다. 사찰에서 극락전이나 약사전은 일반적으로 독립된 형태로 배치된다. 여기 두 전각은 특이하게도 석가모니 불전의 좌우 협시 전각처럼 배치되어 있다.

아미타불이 상주하는 극락정토는 서방에 있기에 극락전은 주로 사찰의 서쪽에 자리한다. 질병을 치료하고 수명을 늘려주며 재난을 없애주는 약사불은 동방의 정유리세계淨瑠璃世界에 상주한다. 그래서 약사불을 모시는 약사전은 보통 사찰의 동쪽에 자리한다. 그런데 여기 통도사는 영산전을 중심으로 좌측 즉 동쪽에는 극락보전이 우측 즉 서쪽에는 약사전이 자리하고 있다. 이 또한 통상적인 전각 배치와는 반대로 되어있는데, 그 이유를 잘 모르겠다.

다만, 동쪽의 극락보전은 팔작지붕으로 화려하다. 반면 서쪽의 약사전은 맞배지붕으로 상대적으로 소박하다. 이는 동쪽은 용처럼 꿈틀거려야 좋고, 서쪽은 범처럼 웅크리고 앉아 있어야 좋다는 풍수지리 조건에 맞는 전각 형태다.

1713년에 하로전에 불이 나 영산전과 천왕문 등이 전소되어 이듬해 중창을 했다고 한다. 목조건물은 화재에 취약해 전소되기 일쑤다. 그때마다 중건이나 건물을 중수하다 보니, 오래된 목조건축물의 초창기 구축 원리를 알아내기가 참 어렵다. 우리 선조들은 화재에 취약한 목조건물을 짓고 살았다. 화재를 마귀에 빗대면서까지 왜 그토록 불을 경계했는지 충분히 짐작이 간다.

190 - 불 마귀를 제압하라

영산전을 중심으로 동쪽에는 극락전, 서측에는 약사전, 앞쪽에는 만세루가 자리한 하로전.

오늘 답사의 목적은 분명하다. 사찰의 화재를 예방하는 각 전각 처마 밑 소금단지와 대광명전에 가서 진언을 확인하는 일이다. 천왕문을 들어서자마자 극락보전의 처마 밑부터 살펴보았다. 아, 저기 있다. 전각 귀퉁이 들보에 놓인 소금단지가 보인다. 하얀 종이로 싼 소금단지가 보물처럼 숨겨져 있었다.

한 단 높은 불이문에서 약사전 뒤쪽 처마 밑의 소금단지는 손에 잡힐 듯 자세히 보인다. 연신 사진을 찍으니, 사람들이 힐끗힐끗 날 바라본다. 뭘 저렇게 열심히 찍나 싶어서다. 그러거나 말거나 난 지금 횡재한 기분이다.

영산전 서쪽에 있는 약사전.

약사전 뒷쪽 기둥머리 들보에 올려져 있는 소금단지.

불완전한 존재인 물고기가 지혜를 얻어 완전한 존재인 용이 되다

하로전 만세루萬歲樓 주 출입구 위 좌우에는 용머리 형상이 장식되어 있다. 특이하게도 여기 용은 입에 물고기를 물고 있다. 용머리는 벽을 관통하여 내부까지 연장되어 있는데, 후미는 물고기의 형상이다. 머리는 용이고 꼬리는 물고기인 특이한 형상이다.

물고기는 아직 생사를 해탈하지 못한 이승의 불완전한 존재를 상징한다. 불자들은 이승의 번뇌를 해탈하여 열반에 이르고자 수행한다. 태어나고 죽는 현실의 괴로움에서 벗어나 번뇌와 고통이 없는 피안에 다다르려 용맹정진한다. 차안此岸에서 피안으로 건너가는 일이다. 이는 불완전한 존재인 물고기가 부처님의 지혜를 얻어 완전한 존재인 용이 되어 가는 과정으로 상징화시켜 볼 수 있다.

물고기를 입에 문 용의 형상은 어변성룡魚變成龍의 상징이다. 통도사 명부전에도 머리는 용이고 꼬리는 물고기인 조각상이 전각의 안팎을 관통하여 장식되어 있다. 절의 사물 중에 이런 모습으로 조각된 목어도 꽤 많다. 열심히 수행하여 깨달음을 얻으라는 불교의 상징성이다.

동양고전인 『후한서後漢書』의 이응전李膺傳에 등용문登龍門이라는 고사가 나온다. 물고기인 잉어가 험한 협곡을 타고 올라가야만 비로소 용이 될 수 있다는 이야기다. 어려운 관문을 통과하여 출세의 문턱에 선다는 뜻으로 쓰인다. 우리나라에는 지금도 "등용문"이란 이름의 입시학원이 많다. 유교와 불교가 초록은 동색처럼 닮았다. 수천 년 동안 동양에서는 유교와 불교와 도교가 뒤섞여 서로 영향을 주고받았지만, 자기들 나름의 논리대로 개성을 가지며 공존한다.

만세루 출입구 위 좌우에 장식된 용머리 형상, 입에 물고기를 물고 있다.

만세루 출입구 위 좌우에 장식된 용머리 형상, 안쪽은 물고기 모양이다.

인도의 불교 사원을 보면, 여러 개의 바퀴와 수레를 끄는 말들이 조각되어 장식된 경우가 많다. 사원 자체가 움직이는 커다란 수레를 상징한다. 또 부처님이 똬리 튼 뱀을 좌대 삼아 좌정하고, 크게 벌린 뱀의 입을 광배 삼아 정좌한 불상도 있다. 인도에서 뱀은 지혜와 부와 행복을 상징한다고 한다. 인도의 불교가 우리나라로 들어오면서 뱀이 용으로 수레가 배로 현지화되었다. 반야용선이 대표적이다. 이렇듯 불교의 교리를 자기 나라의 문화에 맞춰 사찰 건축이나 조각으로 상징화시켰다. 인도의 불교가 아시아 여러 나라로 전파되었다. 두 문화의 융합이 자연스레 이루어질 수밖에 없다. 현지에 맞는 새로운 문화는 이런 과정을 거치며 만들어진다.

명부전 출입구 위 좌우에 머리는 용이고 꼬리는 물고기인 조각상이 장식되어 있다.

불지종가 통도사의 단오절 용왕제 - 197

뱀의 왕 무찰린다(Muchalinda)가 명상에 잠긴 부처님을 보호해 주고 있다.
캄보디아 크메르제국, 12세기 후반에서 13세기 초반. 미국 텍사스 달라스미술관에서 촬영.

부처님의 진신사리를 모신 금강계단은 무덤의 형식이다

통도사는 통상 상로전, 중로전, 하로전으로 구분한다. 각각 세 개의 구역은 나름대로 사찰로서의 완결성을 갖추고 있다. 통도사는 세 개의 사찰 단지가 모여 국지대찰國之大刹이 되었다. 더군다나 부처님의 진신사리를 모신 적멸보궁이 있다. 승려가 되려면 반드시 받아야 하는 수계受戒를 여기 금강계단金剛戒壇에서 받는다. 석가모니불에게 직접 수계를 받는다는 상징성을 갖는다. 불제자로서는 확고한 권위와 정통성을 부여받는 자리다. 한마디로 통도사는 절의 큰집인 불지종가佛之宗家다. 일주문에 내걸린 문패 그대로다.

일주문 좌우에 걸린 국지대찰, 불지종가의 문패.

부처님의 진신사리를 모신 적멸보궁

인도의 산치대탑.

또 선원·강원·율원 등을 모두 갖춘 총림叢林 사찰이기도 하다.

통도사는 부처님의 진신사리가 모셔져 있기에 불보사찰이다. 상로전 금강계단 중앙의 둥근 탑에 사리가 모셔져 있다. 부처님의 진신사리를 모신 불탑은 엄밀히 말해 무덤이다. 그래서 대웅전 앞에는 별도로 탑을 세울 필요도 없고, 법당 안에 따로 불상을 모실 이유도 없는 것이다. 석가모니의 진신사리를 모신 금강계단이야말로 곧 최고의 불탑이자 불상이기 때문이다.

인도에서는 불탑을 스투파라 한다. 스님들의 발우를 엎어놓은 듯한 둥근 형태다. 산치대탑이 유명하다. 스투파는 사방으로 돌난간을 두르고 네 개의 문을 냈다. 곳곳에 부처님의 생애가 부조되어 있다. 스투파가 중국을 거쳐 우리나라로 전파되면서 범어가 음역 된 탑파塔婆로 다시 탑으로 현지화되어 불리고 있다. 이름뿐만 아니라 형태도 원형에서 다양한 형태로 바뀌었다.

초창기에는 목조로도 탑을 세웠다. 나라에 워낙 환란이 많다 보니, 목탑은 황룡사 구층탑처럼 화마에 전소되기 일쑤였다. 지금 볼 수 있는 대표적인 목탑은 속리산 법주사의 팔상전이다.

현재 우리나라에 남아있는 불탑은 거의 석탑이다. 이들 석탑은 목탑보다 규모는 훨씬 작지만, 형태는 대부분 팔상전처럼 사방으로 열린 다층집의 형태다. 석탑은 돌을 쌓아 만든다. 하지만 자세히 보면 마치 나무로 짜서 지은 목조가구 형태다. 1층 탑신이 열려 사람들이 드나들 수 있는 익산의 미륵사지 석탑이 대표적이다. 나무로 만든 대문처럼 돌로 문을 내어 감실을 둔 경주 분황사의 모전 석탑도 있다. 문 모양을 새겨놓은 석비石扉 석탑도 많다. 다양하게 꾸밀 수 있는 목탑의 영향이다.

속리산 법주사의 팔상전은 목탑이다.

익산 미륵사지 동서 석탑.

경주 분황사 모전석탑.

익산 왕궁리 오층석탑.

목탑은 크고 화려하게 꾸밀 수 있지만, 불에 취약하다. 석탑은 크고 정교하게 꾸미기에는 한계가 있지만, 튼튼하여 오래 보존하기에 유리하다. 폐사지에 덩그렇게 놓인 석탑은 인연의 끈처럼 언제나 내 발길을 당긴다.

금강계단의 사리탑은 인도 스투파 양식인 둥근 형태다. 사찰의 범종 모양으로 빚어진 일품 수작이다. 네모난 계단은 사방으로 2중의 돌난간을 둘렀다. 사리탑은 사각 석문 안에 넓게 조성된 2층 불단 위 정중앙에 자리한다. 단단한 돌로 조성되어서인지 변형 안 된 초창기 모습 같아 왠지 믿음이 간다. 물론 부처님의 사리는 외세에 의해 시련을 겪기도 했지만 말이다.

익산 미륵사지 동탑과 서탑.

부처님의 진신사리를 모신 사리탑.

금강계단을 볼 때마다 인도의 스투파나 만다라 문양이 연상된다. 고분 상단 중앙에 목조 향당享堂을 두었던 고구려 방형 고분이 떠오르기도 한다. 어떤 날은 하늘은 둥글고 땅은 네모졌다는 동양의 천원지방 모습처럼 보이기도 한다. 해석의 여지가 많다는 건 그만큼 금강계단의 작품성이 훌륭하다는 의미다. 멀리서 연꽃잎 받침 위에 정갈하게 세워진 불탑을 보고 있자니, 오늘은 방지에서 막 피려는 연꽃 봉우리 형상처럼 보인다. 부처님의 진신사리는 겹겹의 꽃망울 속 씨방처럼 사리장엄구에 소중히 봉안되어 있을 터다.

금강계단은 마치 높고 넓은 언덕 위에 자리한 조선왕릉 같다. 사방으로 열린 대웅전은 왕릉에 제를 올리는 정자각 형태를 닮았다.

서울 석촌동 고구려식 돌무지무덤 제2호분.

연꽃 봉우리.

부처님의 진신사리를 모신 사리탑은 엄밀히 말해 무덤이다.

석가 사리의 유래를
기록한 세존비.

동구릉 태조 이성계의 건원릉. 능침, 신도비, 정자각 순이다.

태조의 업적을 기록한
신도비.

전각의 위치도 불탑과 일직선으로 놓인 게 아니다. 서쪽으로 약간 틀어져 있어서 24방위로 보면 정丁 자 방향이다. 꽤 많은 조선왕릉도 봉분과 정자각이 이렇게 배치되어 있다. 더군다나 금강계단 동쪽에는 석가여래 진골 사리의 유래와 역사에 대한 기록을 소상히 적은 세존비각까지 갖췄다. 다른 사찰에서는 보기 힘든 비각이다. 초창기 조선왕릉 봉분 아래 동쪽에도 신도비와 비각이 세워져 있다. 통도사의 금강계단과 대웅전은 조선왕릉의 배치 형식과 개념이 거의 유사하다.

비각 옆 개산조당開山祖堂은 유교 건축의 사당에서나 볼 수 있는 솟을삼문 형태다. 중로전의 불이문 좌우에는 사당의 솟을삼문에서 흔히 볼 수 있는 태극 문양이 그려져 있다. 또 통도사 범종에는 팔괘八卦 문양이 새겨져 있다. 경복궁 근정전 좌우에 있는 향로에도 팔괘 문양이 있다.

태극, 음양, 팔괘는 『역전』 계사전에 자세히 나온다. 유학의 기본사상이 사찰의 전각이나 문양으로 차용되어 쓰이고 있다. 한 나라의 문화는 이리 서로 영향을 주고받으며 닮아간다.

"역에 태극이 있으니, 이것이 양의를 낳고,
양의 즉 음양이 사상을 낳고, 사상이 팔괘를 낳고,
팔괘는 길흉을 정하고, 길흉이 대업을 낳는다.
易有太極 是生兩儀
兩儀生四象 四象生八卦
八卦定吉凶 吉凶生大業."

사찰에서는 좀 생소한 솟을삼문 형태의 개산조당.

나주향교의 솟을 외삼문.

통도사 불이문 양 옆의 문에 태극 문양이 그려져 있다.

하회마을 병산서원 사당의 삼문. 태극과 팔괘 문양이 장식되어 있다.

통도사 동종에 팔괘 문양이 부조되어 있다.

경복궁 근정전 좌우에 있는 향로 테두리에 팔괘 문양이 새겨져 있다.

통도사 대웅전은 극락정토로 가는 반야용선般若龍船이다

상로전의 대웅전은 사방으로 열려 있다. 각각의 방위마다 현판도 달려있다. 동쪽은 대웅전, 남쪽은 금강계단, 서쪽은 대방광전, 북쪽은 적멸보궁이다. 부처님의 가르침이 사방으로 뻗어나가라는 상징이다.

동쪽 대웅전으로 오르는 계단 가운데 문양을 보면, 영락없는 용의 꼬리 모양이다. 궁궐이나 사찰의 계단 장식으로는 대부분 용머리나 상서로운 동물 문양들이 조각되어 있다. 그런데 어째서 통도사 대웅전 계단에는 용의 꼬리를 조각해 놓았을까?

대웅전 동쪽 계단 가운데 문양, 영락 없는 용의 꼬리다.

대웅전 서쪽에 있는 구룡지, 턱 아래 여의주를 품은 용의 머리를 상징한다.

유일하기에 오랫동안 궁금해하던 참이었다. 이번 답사에서 합리적인 추론을 해보았다. 대웅전 서쪽에는 아홉 마리 용이 살았다는 둥근 연못이 있다. 지금도 한 마리 용이 이 구룡지에 살면서 통도사를 지켜준다고 한다. 서쪽의 여의주 닮은 둥근 연못을 용의 머리로 보고 동쪽 계단의 꼬리와 연결해 보면, 한 마리 용의 형상이 만들어진다. 그러면 대웅전은 용의 몸통이 되어 바로 한 척의 반야용선이 완성된다. 그것도 아미타불이 상주하는 서방의 극락세계로 향하는 지혜의 용선이다. 반야용선을 통도사의 대웅전 건축물에 실재 그대로 구현해 놓은 것이다. 대웅전 기단이나 문에는 갖가지 꽃문양들이 유난히 많이 새겨져 있다. 대웅전이 반야용선으로 보이는 순간,

구룡지, 금강계단, 용 꼬리 장식은 바로 한 척의 반야용선이다.

이 꽃들은 모두 바다에 핀 연꽃으로 확 피어난다. 놀라운 경험이다. 지금 여기서 직접 내 눈으로 깨달음은 얻으려는 중생들을 태우고 서방정토로 향해가는 반야용선을 보고 있다. 대웅전에서는 불자들이 부처님의 진신사리를 향해 저리도 간절히 절을 올리고 있다. 깨달음을 얻으려 지금 극락정토로 향하는 지혜의 용선에 탄 사람들이다. 통도사 대웅전은 실로 살아 움직이는 역동적인 반야용선이다. 진리는 늘 현장에 있음을 절감하는 순간이다.

전국의 사찰 내외부에는 용의 형상이 참 많이도 장식되어 있다. 불당 내부 천장에 두 마리 용을 조각해 놓은 사찰도 많다. 모두 사찰 전각 자체를 지혜의 반야용선으로 상징화시키려는 의도로 읽힌다.

대웅전 돌계단 난간 소맷돌의 활짝 핀 꽃장식 부조.

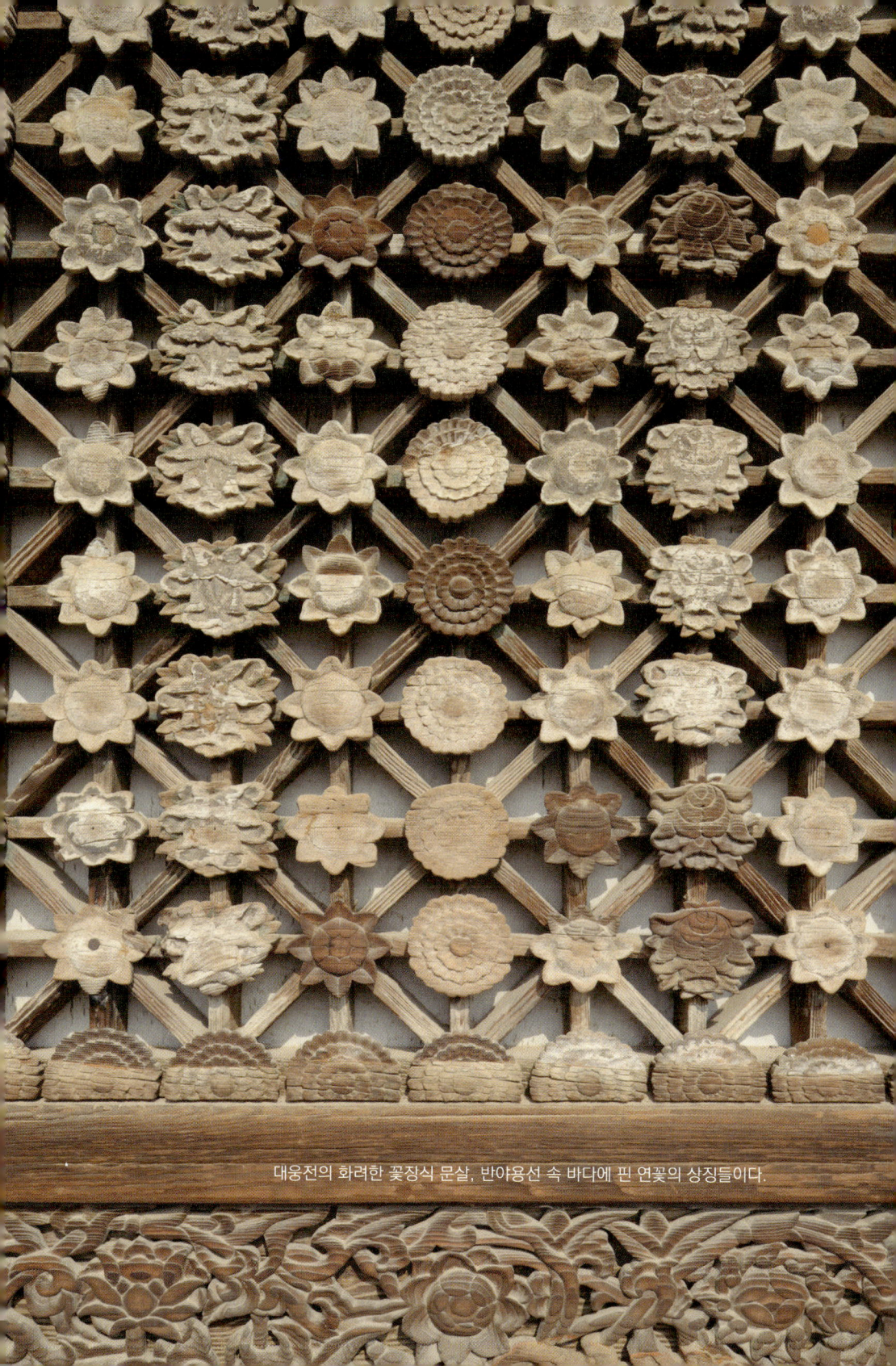

대웅전의 화려한 꽃장식 문살, 반야용선 속 바다에 핀 연꽃의 상징들이다.

불 마귀를 제압하라, 항화마진언抗火魔眞言

하로전보다 한 단 높은 불이문부터 중로전이다. 저만치 앞쪽으로 대웅전이 보이고 우측으로는 전각들이 모여 있다. 관음전, 용화전, 대광명전이 일렬로 배치되어 있다. 관음전이 가장 낮은 데 위치하고 규모도 작다. 그 뒤 전각인 용화전과 대광명전으로 갈수록 한 단씩 높아지며 건물의 규모도 조금씩 커진다. 맨 앞 관음전부터 뒤로 갈수록 전각의 규모와 높이를 달리해서 격을 부여했다. 각각의 전각 사이에는 나름 불교 교리상의 위계가 존재한다. 그 위계에 따라 건물의 위치, 높낮이, 규모 등이 달라진다. 이런 전각의 배치 형식이 한국건축의 특징 중 하나이다.

대광명전은 관음전과 용화전 뒤의 높고 한적한 곳에 있어 한 번 휙 둘러보고 말았던 전각이다. 밝은 빛을 두루 비춘다는 비로자나불을 모시는 전각이 대광명전이다. 법신불인 비로자나불은 태양처럼 항구 불변하는 진리 그 자체로서의 부처다. 최고로 높은 부처로 인식되어서인지 비로전이나 대적광전 등은 주로 사찰의 맨 위쪽에 자리한다. 그래서일까 최고로 높은 산봉우리 이름으로도 참 많이 쓰인다. 금강산, 오대산, 소백산, 팔공산 등의 가장 높은 봉우리 이름이 모두 비로봉이다. 비로자나불을 상징하는 산의 주봉들이다.

이제 설레는 마음으로 대광명전으로 간다. 이 전각 내부 좌우와 남쪽의 중간 평방에 화마를 다스리는 게송이 붓글씨로 써져 붙어 있단다. 이 책의 주제인 불 마귀를 막아 물리치는 직접적인 글이다. 확실한 물증이니 얼른 가서 확인해 봐야 한다.

오늘따라 기도를 드리는 불자들은 왜 이리 많을꼬. 법당 안으로 들

법신불인 비로자나불을 모신 대광명전, 법당 평방에 항화마진언이 붙어 있다.

관음전, 용화전, 대광명전이 건물의 규모와 높이를 달리해 배치되어 있는 중로전.

어가 사진을 찍으려면 애 좀 먹게 생겼다. 법당을 지키는 보살들은 불당 내부 사진을 못 찍게 막는 편이다. 특히 불국사가 심하다. 미리 공문을 보내도 소용이 없다.

한참을 기다리니 불자님들이 좀 뜸했다. 이때다 싶어 법당 좌측 문으로 들어가 먼저 부처님께 반절하고, 불전 앞으로 가서 삼배를 올렸다. 그리고 불공을 드리는 몇 불자들께 양해를 구하고 사진을 찍을 수 있었다. 항화마진언은 법당 안 세 군데 붙어 있었다. 좌측과 우측 그리고 가운데 출입문 위 평방에 붙어 있다. 모양이 거의 똑같아서 불자들이 안 계신 좌측의 진언을 찍었다.

진언은 기둥 넓이 정도인 30에서 40㎝ 정도로 그리 크지는 않다. 사각의 붉은 테두리를 두른 검은 바탕에 흰 글씨다. 바탕이 좀 훼손되어 오히려 더 오래된 느낌이다. 어느 스님이 처음 이 글을 써서 붙였는지 알아내지는 못했다. 바다 용왕의 보살핌으로 사찰의 불마귀를 막아 화재를 물리친다는 경계의 진언이다.

"吾家有一客
定是海中人
口吞天漲水
能殺火精神
우리 집에 손님이 한 분 계시니
바로 바닷속을 다스리시는 분이다.
입에는 하늘을 삼킬만한 큰물을 머금고 계시니
능히 불 마귀[火魔]를 막아 제압하실 분이다."

대광명전 법당 동쪽 평방에 붙어 있는 항화마진언.

통도사 단오 용왕제

통도사의 단오 용왕제는 사부대중이 한마음으로 올리는 단오절 산중의 큰 행사다. 주로 구룡지에서 소금단지를 진설하고 용왕제를 지냈는데, 요즘은 금강계단 앞쪽에 새로 건립된 500평 규모의 2천여 명이 예불을 올릴 수 있는 설법전에서 지내기도 한다.
스님들은 단오절 이틀 전에 각 전각의 처마 밑 사방 기둥머리에 올려진 소금단지를 모두 내린다. 새 소금으로 교체하려는 울력이다. 1년 동안 사찰의 화마를 막아주던 소금을 한군데로 모은다. 그리고 화마를 막아주는 진언이 붙어 있는 봉투에 일일이 나눠 담는다. 이 소금 봉투는 용왕제를 지내고 나서 신도들에게 골고루 나누어줄 것이다.
단오 하루 전에는 깨끗이 비워진 소금단지들에 새로운 소금을 넣는다. 신도들이 시주로 모은 소금이다. 단지에 새 소금을 가득 담고 하얀 종이에 한자로 물 수水 자를 써서 거꾸로 덮는다. 물 수 자를 뒤집어씌우는 것은 소금이 든 단지에 물을 붓는 상징이다. 이는 바닷물을 만드는 상징성이다. 예전에는 직접 동해 바닷물을 떠다 단지에 담은 까닭이 여기에 있다. 소금은 곧 바다고 용왕님이 계시는 곳이며 부처님의 지혜를 상징한다. 거꾸로 씌워진 물 수 자 위에 화재 예방을 위한 항화마진언의 스티커를 한 번 더 붙이고 끈으로 묶는다. 용왕제가 끝나면 각 전각의 기둥머리에 올려질 새 소금단지다. 이 소금단지들은 용왕이 주재하는 바다가 되어 화마로부터 사찰을 또다시 1년 동안 지켜줄 것이다.
음력으로 5월 5일 단오에는 새로 만든 소금단지들과 음식을 진설

매년 단오절에 사찰 각 전각 처마 밑 사방 기둥머리에 올려지는 소금단지.

예불 준비 중인 소금단지들.

하고 용왕제를 지낸다. "용왕대신! 용왕대신! 용왕대신!" 바다 용왕대신을 청해 모시는 용왕청 예불이다. 부처님의 지혜를 구하고자 사부대중은 한마음으로 용왕대신을 부르며 불공을 드린다. 바닷물로 상징되는 새 소금단지에 용왕님을 모셔 와야 비로소 지혜의 바다가 완성되지 않겠는가.

예불이 끝나면 스님들은 지난해 소금을 불자들에게 일일이 나누어 준다. 중생들과 소금처럼 썩지 않는 지혜를 나누는 의식이다. 모두의 안녕과 시시때때로 불처럼 일어나는 모든 번뇌에서 벗어나 해탈하기를 기원하는 것이다. 이는 사부대중이 소금을 매개로 매년 단오절마다 행하는 수행의 한 방편이다.

용왕청 예불.

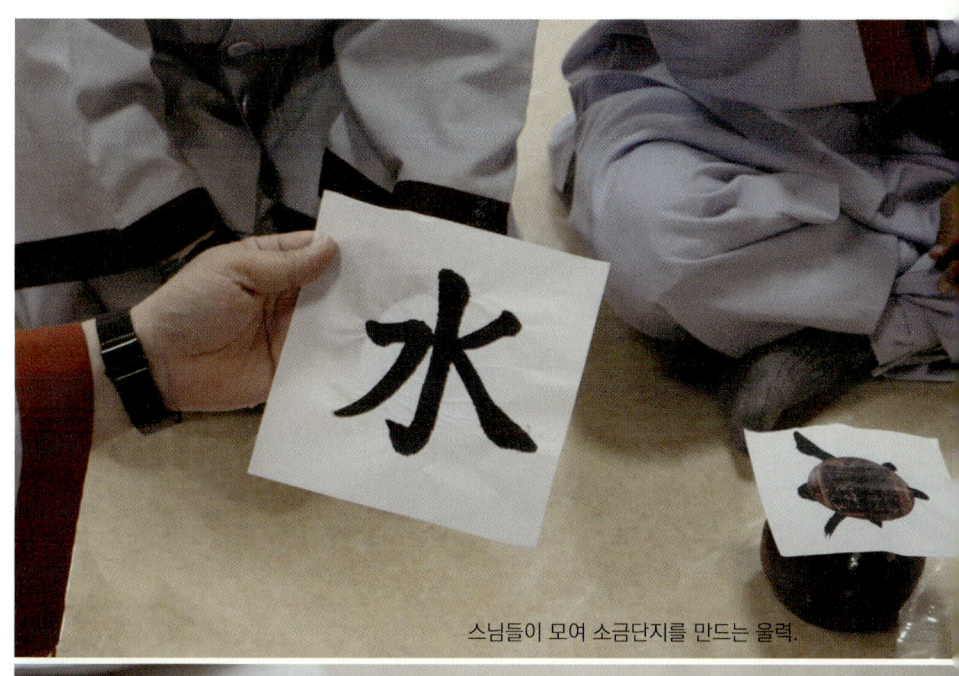

스님들이 모여 소금단지를 만드는 울력.

불지종가 통도사의 단오절 용왕제

전각 처마 밑 기둥머리에 올려진 소금단지.

통도사의 단오 용왕제는 수백 년 동안 이어온 사찰의 중요한 행사다. 통도사는 일 년에 한 번씩 단오절에 소금단지를 교체한다. 오늘 불공을 드린 새 소금단지들은 다시 각 전각의 기둥머리에 올려진다. 이를 끝으로 한해 스님들의 용왕제 행사 울력도 마무리된다.

올해 통도사 단오 용왕제를 직접 참관하지는 못했지만, 사찰 홈페이지에서 행사 사진과 동영상을 언제든 볼 수 있다. 이를 통해 현장감을 충분히 느낄 수 있어 좋았다. 고맙게도 내가 원하는 행사 사진도 사찰로부터 협조받았다. 다시 한번 통도사에 감사드린다.

현문 주지 스님께서 법문하시는 중에 내 눈길을 끄는 대목이 있었다. 바로 커다란 항아리였다.

대웅전 보수 공사 중 천장에서 발견된 소금 단지 캡쳐사진.

몇 년 전에 대웅전 내부 보수 공사를 할 때, 천장에서 아주 큰 항아리를 발견했다고 한다. 그 항아리 속에는 소금이 가득 담겨 있었다고 한다. 사찰을 수호하고자 하는 옛 스님들의 지혜에 감복해 대웅전 천장에 그대로 큰 소금항아리를 다시 올려두었다고 한다.

소금은 바다를 상징하고, 바다는 부처님의 진리가 있는 곳이다. 소금단지는 통도사의 모든 전각 기둥머리 위 사방에 올려진다. 네 개의 소금단지는 곧 사해 모든 바다의 상징이 된다.

통도사 단오 용왕제 때, 소금단지들은 처마 밑에 올려진다. 이는 부처님의 진리가 법당 가득히 충만하기를 바라는 염원이기도 하다. 이러면 가람의 법당들은 자연스레 바닷물 위를 항해하는 지혜의 용선이 된다. 깨달음을 얻으려는 중생들을 극락정토로 인도해 주는 반야용선들로 사찰은 오늘도 야단법석이다.

또 바다를 주재하는 용왕은 불 마귀가 사찰 전각에 얼씬 못하도록 막아준다. 바닷물로써 사찰의 화재를 미리 방지해 준다. 통도사의 각 전각 사방 기둥머리에 올려진 소금단지는 이런 상징물이다.

이런 불조심의 상징을 구체적인 언어로 표현한 게 바로 항화마진언이다. 단오절에 다른 사찰에서도 이 문구를 인용하여 설법하신다.

오늘 통도사를 답사하는 동안에는 각 전각의 네 귀퉁이 들보에 올려져 있는 작은 소금단지만 커다랗게 보였다. 또 대광명전의 평방에 붙어 있던 진언이 삼삼하니 내내 눈에 아른거렸다. 절에 왔으면 부처님의 진리가 이렇게 크게 보여야 하거늘, 난 오로지 글감에 쓸 소금단지와 진언밖에 안 보이니, 나 원 참. 하여간 내 생각대로 오늘 답사는 잘 마쳤으니, 이제 울산 강연장으로 서둘러 가야 한다. 시간이 촉박하다. 오늘 점심은 또 어찌 해결한담.

법보종찰 해인사
단오절 소금 묻기와 문화행사

남산제일봉의 화기를 억눌러 제압하라

화마로부터 해인사를 지켜내려면 불을 불러오는 남산제일봉의 화기를 억눌러야 했다. 이를 위해 해인사에서 세 가지 방법을 사용하였다. 첫째로 산의 이름을 바꿨다. 앞산의 불기운을 아예 땅속에 파묻어 버린다는 "매화埋火"로 개명했다. 두 번째로는 대적광전을 중건할 때, 전각의 축을 불의 산인 남산제일봉을 피해 서쪽으로 틀어 지었다. 세 번째로는 매년 단오절에 사찰 경내와 남산 꼭대기에 소금단지를 묻어 화기를 제압하는 방책을 세운다.

막 떠나려는 배, 해인사

"모든 건 마음 따라 일어난다."는데, 내 글은 내 마음 따라 일어나기는커녕 변비처럼 막히기 일쑤다. 여름내 몇 편의 글도 못 썼다. 내내 뭐 마려운 강아지처럼 끙끙댔다. 9월 들어 아침저녁으로 선선한 바람이 일길래 새벽에 냉수 한 사발 마시듯 해인사로 향했다. 현장엘 가면 당장에라도 무슨 뾰족한 수가 생길 것만 같았다. 글머리라도 잡을 수 있겠지 싶었다.

집 떠난 지 4시간여 만에 해인사에 도착했다. 매표소에서 절 입구까지는 꽤 멀다. 산길을 운전하고 가는 중에도 산의 깊음이 체감되었다. 계곡의 물소리 또한 산을 꽉 채우고 있음이 온몸으로 느껴졌다. 역병 때문인지 산사가 한산했다. 덕분에 주말인데도 성보박물관 앞에 주차할 수 있었다.

절로 걸어 올라가는 길 여기저기에 멧돼지 조심하라는 푯말이 붙어 있었다. 부도밭을 들렀는데 온통 멧돼지 발자국이다. 먹이 찾느라 주둥이로 헤집어 놓은 자국으로 어지러웠다. 금방이라도 산짐승이 튀어나올 듯해 살짝 긴장감마저 돌았다. 부도밭이 문득 바닷가의 갯벌처럼 생동감 있게 느껴졌다.

바다도 그렇지만 산도 모든 만물을 품어준다. 여기 가야산은 인도 북동부 마을 부다가야에서 따 지은 이름이다. 고타마 싯다르타가 보리수나무 아래에서 깨달음을 이뤄 부처가 되었다는 영산이다. 범어로 가야는 코끼리 머리라는데, 여기 가야산 정상은 소의 머리를 뜻하는 우두봉이다. 초록은 동색이랄까 어딘지 모르게 통한다.

해인사 터는 막 떠나려는 배 모양이다. 풍수로는 행주형行舟形이라

가야산 해인사 원경.

부른다. 사찰이니 반야용선般若龍船 터로 보면 좋겠다. 깨달음을 얻으려는 중생들을 극락세계로 인도해 주는 용 모양의 배다. 지혜를 상징하는 배다. 아미타불이 상주하는 서방정토로 항해한다. 사찰에 잘 어울리는 산의 형국이다.

단, 배가 떠나서는 안 된다. 팔만대장경을 실은 배가 떠나간다면, 해인사는 이 자리에 존재할 이유가 없어진다. 그래서 항해를 위한 모든 준비는 마쳤지만, 이 자리에 머물며 영원토록 팔만대장경을 지키는 법보사찰로 남아줘야 한다. 이것이 행주형 터의 중요한 특징이다.

해인사에는 배와 관련된 두 가지 중요한 설치물이 있다. 하나는 배를 부리는 돛대고, 다른 하나는 배를 정박시키는 닻이다. 절 뒤에 다소 생뚱맞게 세워진 수미정상탑은 배의 돛대다. 원래 그 자리에는 돛대 바위가 있었다고 한다. 일제강점기 때, 축대에 쓰려고 그 바위를 깼다고 한다. 그 후로 사찰에 좋지 않은 일이 자꾸 생겨, 1986년에 돛대바위를 대신해 그 자리에 세운 탑이다. 탑은 오대산 월정사의 구층석탑을 참고해 세웠다고 한다. 수미정상탑은 행주형의 특성에 맞는 돛대 모양이다. 언뜻 보아도 아직 돛을 펼치지는 않았다.

일주문과 천왕문 사이 동쪽에는 한 그루의 고사목이 있다. 창건 당시 심은 나무라 한다. 지금은 둥치만 남아있는데도 접근을 막는 나무 울타리가 쳐져 있다. 설명문도 세워놓았다. 이 고사목이 해인사를 묶어두는 닻이란다. 고 장영훈 교수가 내게 그리 알려줬다.

사찰안의 길들은 대부분 곡선이다. 자연적으로 그렇게 내었다. 그런데 여기 해인사의 일주문에서 천왕문까지의 길은 일직선이다. 이

해인사에서 수미정상탑은 배의 돛대를 상징한다.

해인사 전경, 절 뒤 돛대바위가 있었던 자리에 세워진 수미정상탑이 도드라져 보인다.

천왕문 앞 동쪽에 있는 고사목, 배의 닻을 상징한다.

일주문에서 천왕문까지의 일직선 길, 뱃머리의 상징이다.

또한 궁금해 장 교수께 물어본 적이 있다. 비뚤어진 뱃머리를 본 적 있냐고 오히려 내게 물었다. 배는 곧게 중심이 잡히고 좌우 균형이 맞아야 한다. 그래야 거친 바다를 온전히 항해할 수 있다. 건축전문가이니 해인사의 배치 형태를 잘 보란다. 사찰 앞 일주문에서 천왕문까지는 거친 파도를 가르는 뱃머리처럼 곧아 날렵한 모양이다. 후미인 대적광전 일대와 팔만대장경을 보관하는 장경판전은 좌우 균형이 잘 잡혀서 안정적이다. 법보사찰답게 팔만 사천의 불경이 가득 실린 갑판 형태다. 영락없이 커다란 한 척의 배를 닮았다. 한 치의 망설임도 없는 전문가의 답변이다. 내가 존경하던 현장 풍수 전문가의 말이라 전적으로 신뢰하고 있다.

해인사의 배치도, 한 척의 배를 닮은 형국이다.

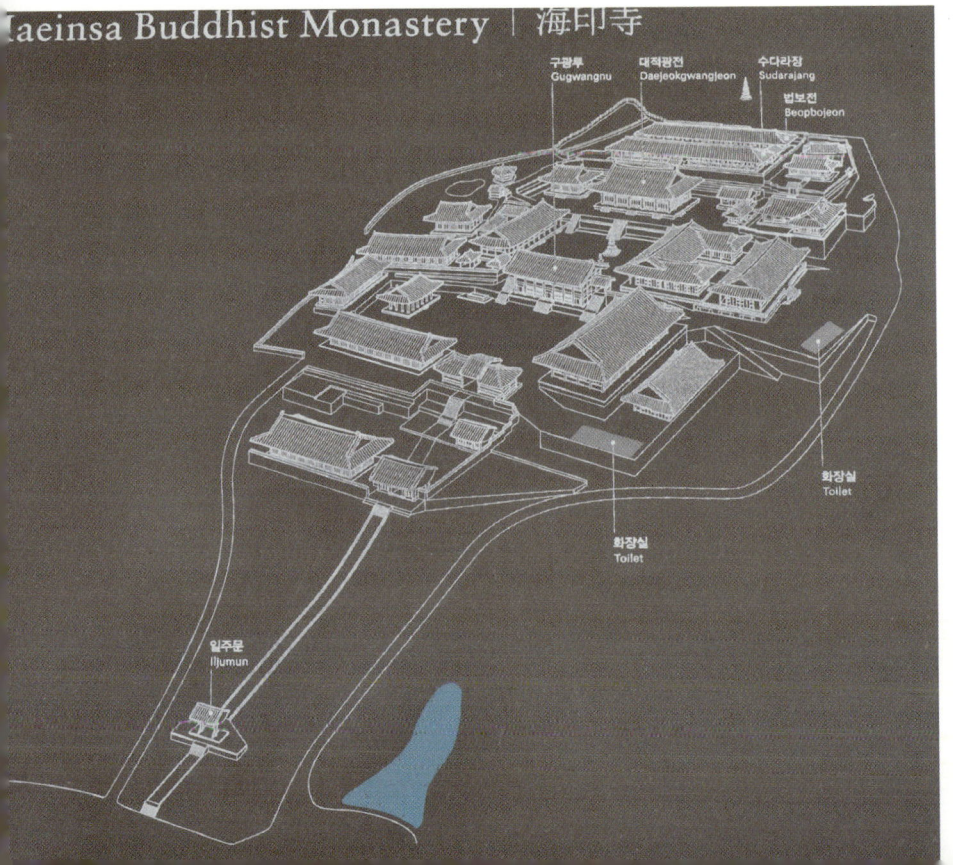

배 모양의 땅에는 절대 우물을 파서는 안 된다

행주형에는 아주 중요한 특징이 하나 더 있다. 터에 우물을 파면 안 된다. 배에 구멍을 뚫는 행위이기 때문이다. 구멍 난 배는 곧바로 가라앉고 말 것이다. 그러니 행주형의 땅에는 우물을 파서는 안 된다. 이번 해인사를 답사하면서 유심히 우물을 살펴보았는데, 일부러 판 우물은 발견하지 못했다. 현지 관리인에게 물어보았더니, 대부분 산 계곡에서 끌어온 물이라 했다.

여기와 똑같은 터가 북한에도 있다. 평양이다. 그곳 지세도 행주형이다. 떠나가는 배의 형국이다. 대동강 물을 팔아먹은 봉이 김선달 이야기의 배경인 곳이다. 과거에 급제하고도 벼슬을 얻지 못한 양반을 선달이라 부른다. 조선 후기 서북인 차별 정책의 폐해다. 가슴에 품은 뜻을 세상에 펼칠 수 없게 된 선달 이야기다. 잔재주를 부려 다른 사람들을 골탕 먹이는 전래구전 이야기다.

김선달은 한양의 부자 상인이 평양에 온다는 정보를 입수하고 음모를 꾸몄다. 대동강의 물장수들에게 미리 엽전 두 냥씩을 나누어 주었다. 그리고 대동강 물을 길어 갈 때마다 자기에게 한 냥씩을 되돌려달라고 부탁했다. 마치 물장수들에게 물세를 받는 것인 양 연출했다. 이 장면을 한양에서 온 부자 상인에게 보여주었다. 사기꾼은 상대방의 욕심을 자극해 판단력을 흐리게 만든다. 끝내 김선달은 한양 상인에게 주인 없는 대동강 물을 거금 삼천 냥에 팔아넘긴다. 기막힌 사기극이다. 다음날 한양 상인이 평양의 물장수들에게 물세를 받으려다 치도곤을 당하는 것으로 이야기는 마무리된다.

이 이야기의 배경은 많다. 그중에 주목되는 것은 평양의 물장수들이다. 어째서 평양에는 대동강물을 팔아 생계를 유지하는 물장수들이 많았던 걸까? 바로 평양의 지세가 행주형이기 때문이다. 그래서 평양에서는 우물 파는 행위를 금기했을 것이다. 집에 우물이 없으니, 멀리 가서 강물을 길어와야 한다. 당연히 대동강물을 길어다 파는 물장수들도 많을 수밖에 없었다. 이것이 김선달이 한양의 상인을 속여 대동강물을 팔아먹을 수 있었던 이야기의 배경이다.

이를 뒷받침해 줄 만한 문헌이 있다. 이수광이 쓴 『지봉유설』 2권 지리부에 평양성의 지세에 관한 이야기가 나온다.

〈한국고전번역원〉의 사이트를 참고로 그 내용을 번역해 보았다.

"평양성 안에는 오래된 우물 샘이 없었다.

신묘년에 권징이 평양의 감사가 되어, 우물을 파는데 수십 길을 뚫어도 물이 나지 않았다. 뜻밖에 큰 너럭바위가 나와 그 바위를 뚫었더니 샘이 솟았다. 그 물 속에 붕어와 함께 연꽃의 열매가 있었는데, 그 이유를 알 수가 없었다.

평양 땅의 생긴 모양에 관해 술자가 말하기를 '평양성은 가로로 놓인 배처럼 생긴 형국이라 우물을 파면 곧 화를 입는다'라고 했다.

이듬해 왜구가 쳐들어왔다. 우물물의 맛도 써서 사람들이 역시 마시지 않았다고 한다.

平壤城中 舊無井泉

辛卯年 權徵爲監司 掘井過數丈不得水 乃有大磐石 鑿石而泉出 其中有鮒魚及蓮子 其理不可知也

　術者言地理 '平壤城爲橫舟形 鑿井則有禍'

翌年倭寇至 井水味苦 人亦不食"

불국토인 부처님의 세계로 들어가는 일주문

사찰의 일주문에는 주로 절의 문패를 붙인다. 주산을 앞세우고 뒤에 사찰 이름을 쓴다. "가야산 해인사"처럼 말이다. 이는 "달성서씨"처럼 본관을 앞세우고 뒤에 고유의 성씨를 붙이는 한국인의 정서와 같은 맥락이다.

석가모니 부처님은 인도의 영축산에서 깨달음을 얻었다. 산에서 수행하고 해탈하여 성자가 되었다. 주로 산이나 보리수나무 아래서 설법했다. 싯다르타가 태어나기 전부터 산은 있었고, 부처님이 열반한 뒤에는 진신사리를 모시는 탑을 세웠다.

일주문에는 가야산 해인사라는 문패가 달려있다.

몇백 년 후에 그리스 헬레니즘 문화의 영향으로 인도 간다라 지방에서 부처님의 상을 만들기 시작했다. 알렉산드로스 대왕의 인도 원정 이후였다. 그러니까 산이 먼저 있었고 그다음 탑을 세웠다. 나중에 현재 우리에게 익숙한 불상을 모시는 전각이 생겼다. 그러니까 산 나고 탑 나고 절이 났다.

한국의 어느 절이나 사찰명 앞에는 반드시 주산을 앞세워 쓴다. 이는 절의 본향 즉 시조가 부처님임을 강조한 문패라 볼 수 있다. 가야산, 영축산, 오대산, 청량산, 조계산 등은 모두 부처님과 관련된 인도나 중국에서 온 산 이름들이다. 부처님의 불법처럼 신령스럽게 추앙받는 영산들이다. 그래서 가야산 해인사, 영축산 통도사, 오대산 월정사 등으로 사찰 이름을 붙인다. 이는 불법을 따르는 부처님의 적통임을 내세우는 문패들이다.

해인사의 일주문 안쪽에는 현판이 하나 더 붙어 있다. 홍하문紅霞門이다. 홍하는 해 주위에 보이는 붉은 놀이다. 성철스님이 평소 좋아했다는 오도송에서 따 지은 이름이다. 고승들이 불도의 진리를 깨닫고 지은 시가를 오도송悟道頌이라 한다.

"아침의 붉은 해가 깊고 푸른 바다를 뚫고 솟아오른다. 紅霞穿碧海"

이는 수행자가 용맹정진하여 얻은 깨달음의 세계를 표현한 시가다. 홍하문은 깨달음을 얻기 위해 불국토인 부처님의 세계로 들어가는 문이다. 사찰 일주문에 꼭 알맞은 이름이다.

경상남도 산청에 있는 성철스님의 생가에 사찰이 세워졌다. 겁외사다. 이 절 입구 전각에는 벽해루碧海樓라는 현판이 달려있다. 짙푸른

해인사 일주문인 홍하문의 옛 사진.

바다라는 뜻이다. 해인사의 붉은 해와 짝을 이룬 일주문이다. 해인사 일주문 좌우에 걸린 주련도 의미가 깊다.

" 천 겁이 지났어도 옛날이 아니고 歷千劫而不古
  만 년이 흐른다 해도 늘 지금이다. 亘萬歲而長今"

금강경오가해 서설에 나오는 문구다. 이미 몇천 겁이 흐른 과거도 옛날이 아니고, 앞으로 만 년의 시간이 더 흐른다 해도 늘 지금이란 뜻이다. 지금이야말로 가장 소중한 순간임을 강조한 주련으로 내게는 읽힌다. 지금 내가 발 딛고 선 이 자리를 제일 소중하게 여기라는 말로 들린다.

해인사의 첫 번째 문인 일주문은 수행자의 결기를 드러냈다. 지금 이 문으로 들어서는 불자들은 깨달음을 얻기 위해 용맹정진해야 한다. 검푸른 바다를 뚫고 붉게 떠오르는 아침 태양처럼.

일주문 양쪽에 걸린 주련, 지금 이 순간을 가장 소중히 여기라는 문구다.

천왕문은 봉황의 상서로운 기운을 받아들이는 문이다

일주문을 들어서면 일직선 길 끝에 해인총림 현판이 보인다. 총림叢林은 강원講院, 선원禪院, 율원律院을 모두 갖춘 종합 도량이다. 학교로 치면 종합대학쯤이다. 총림의 가장 높은 어른을 방장方丈 스님이라 부른다. 절의 두 번째 문인 천왕문이다. 수미산을 사방에서 지키는 사천왕을 모신 문이다. 대문에는 두 주먹을 불끈 쥐고 수미산 입구를 지키는 금강역사가 그려져 있다. 문의 좌우 사왕천도 조각상이 아닌 그림이 대신하고 있다. 천왕문 안쪽에도 봉황문鳳凰門이란 별도의 현판이 걸려있다. 사찰과 봉황이라? 왠지 어울리지 않는다.

천왕문에는 해인총림과 봉황문이라는 두 개의 현판이 달려있다.

천왕문에 그려진 금강역사.

천왕문의 사왕천도.

한국 사찰에서 봉황이 나오면 대부분 풍수 관련이다. 봉황문 바로 앞산은 비봉산飛鳳山이다. 산의 생김새가 마치 봉황이 날갯짓하며 나는 형태임을 묘사한 이름이다. 비봉산 자락에 있는 원당암의 옛 이름은 봉서사鳳棲寺였다고 한다. 봉황이 깃들은 보금자리 절이란 의미다. 미루어 풍수 관련 현판임을 충분히 짐작해 볼 수 있다.

봉황문은 날개를 활짝 펴고 날아드는 봉황을 맞이하는 문이다. 해인사 천왕문은 봉황의 상서로운 기운을 절로 받아들이는 문이다. 천왕문인 봉황문은 이 땅의 산천 기운과 교감하는 문이다.

불교의 교리와 한국인의 토종 정서가 한데 어우러진 해인사 가람의 현판들이다.

천왕문 안쪽에 걸린 봉황문의 현판.

법보종찰 해인사의 단오절 소금 묻기와 문화행사 - 263

봉황이 비상하는 듯한 원당암 주위 산세, 천왕문의 바로 앞산이다.

지공스님이 사찰을 지으라고 일찍이 점지해 준 땅, 가야산

천왕문과 해탈문 사이 동쪽에는 국사단局司壇이 있다. 국사는 한 절의 구역을 맡아 수호하는 토지신이다. 가야산의 산 신인 정견모주正見母主를 모신 곳이다. 정확한 이름을 가진 산신으로 가야연맹의 건국 설화에 나오는 여신이다. 바로 대가야와 금관가야 시조의 어머니다. 여기 해인사에서는 도량을 지켜주면서 재앙을 없애주고 복을 가져다주는 토속신이다. 가람의 수호신이기에 절의 입구에 단이 세워져 있다. 사찰이라서 그런지 산신의 이름도 팔정도의 첫 번째인 정견正見이다. 이 세상에 존재하는 모든 사물의 진상을 바르게 보고 판단하는 지혜의 의미다. 정견모주는 깨달음의 어머니로 불리는 가야산의 산신이다.

국사단에는 "지공증점지誌公曾點地"라는 편액도 붙어 있다. 지공스님이 사찰을 지으라고 일찍이 점찍어 준 땅이란 뜻이다. 지공 대사는 해인사를 창건한 순응·이정 스님들이 당나라 유학 시절의 스승이었다. 대사는 두 스님에게 신라로 귀국하거들랑 여기 가야산에 절을 지으라는 참언을 해주었다고 한다. 의상대사의 법손으로 알려진 순응은 이정 스님과 함께 신라 제40대 애장왕 3년(802) 10월에 왕의 도움을 받아 해인사를 창건했다.

국사단 앞에는 고목이 있고 빙 둘러 새끼줄이 매어져 있다. 불자들이 각자의 소원을 써서 빽빽이 달아 놓았다. 마을의 산신당이나 서낭당과 분위기가 흡사하다. 불교의 교리와 토속 민간신앙이 한 공간 안에서 자연스레 공존한다. 한국 사찰의 상징 체계들을 두루 살펴볼 수 있는 해인사 들머리다.

국사단에 모셔져 있는 정견모주, 해인사를 지켜주는 토지신이다.

해탈문 앞 동쪽에 위치한 국사단, 지공증점지 라는 현판도 달려있다.

계단 끝의 해탈문 너머는 불국토인 도리천이다

천왕문을 지나 해탈문으로 오르는 계단은 꺾여 곡선을 이루기 시작한다. 산지 지형을 그대로 활용하여 짓는 화엄 사찰의 전형적인 배치 형태다.

계단 밑에서 해탈문을 올려다보면 가마득히 높은 산 정상처럼 보인다. 해탈문은 수미산 정상에 있는 마지막 문을 구체적으로 표현해 놓은 것이다. 주로 불이문, 해탈문이라 부른다. 불국사의 자하문처럼 사찰 고유의 이름을 가지기도 한다.

저 계단 끝의 문지방 너머는 불국토인 도리천이다. 그래서 해인사 일주문에서 해탈문에 들어설 때까지 계단이 33개로 되어있다. 곧 도리천을 상징하는 숫자다. 이 숫자는 네모진 모양의 수미산 정상에 있는 33천의 상징 체계다.

도리천은 제석천이 주관하는 중앙의 선견천을 중심으로 사방에 각 8천씩 총 33천의 천상계를 갖췄다. 그래서 33천은 도리천의 또 다른 이름이다. 불국사 자하문 아래 청운교와 백운교의 계단도 33개로 되어있는 이유다.

불교의 세계관에서 세상의 중심을 이루는 이상적인 산이 수미산이다. 대체로 한국 사찰의 동선은 수미산의 위계를 본떠 구현해 놓았다. 불국토를 이루려는 간절한 염원을 도량의 배치에 그대로 담은 것이다.

계단 밑에서 올려다보면 해탈문의 문지방이 도드라져 보인다. 대문을 통해 집안으로 복이 들어오기도 하지만, 새어나가기도 한다. 누구나 기왕에 내집으로 들어온 복은 빠져나가지 말고 집안에 머물러

천왕문에서 본 불이문, 불국토인 도리천으로 들어가는 문이다.

있기를 바란다.

그래서 한국의 전통 대문은 밖에서 안으로 밀고 들어가게 되어있다. 문지방이 대문 밖에 나 있어 바깥쪽으로는 문이 열리지 않는다. 오로지 집 안쪽으로만 문이 열린다. 집안의 복이 문밖으로는 빠져나가지 못하게 문지방이 막고 있다.

입안으로 들어온 음식물을 잘 씹어 목구멍으로 넘기면 과식하지 않는 한 역류하지 않는다. 한국의 전통 대문은 마치 사람의 식도와 같은 구조다. 대문을 통해 복은 받아들이고, 집안의 복은 바깥으로 나아가지 않도록 저절로 닫히는 장치다. 지나친 욕심을 부리지 않는 한은 말이다.

해탈문에서 내려다 본 천왕문, 이 문지방을 넘으면 불국토인 도리천이다.

사찰의 계단은 서로의 관계 속에서 존재한다

오늘도 많은 사람이 절의 가파른 계단을 힘들게 오르내린다. 시쳇말로 힘에 부쳐 여기저기서 곡소리가 난다. "아이고, 난 무릎이 안 좋아 극락도 못 가겠네!" 힘들게 계단을 오르는 중년들이 서로 농담 반 진담 반을 주고받는다. 이 말이 바람결에 내 귀에 스치는가 싶더니, 문득 "노골적露骨的"이란 단어가 떠올랐다. 숨기지 아니하고 있는 그 대로의 감정을 드러낼 적에 쓰는 말이다.

순간, 햇볕을 받아 더 두드러져 보이는 계단들이 온몸의 뼈마디처럼 보였다. 가람의 계단들은 사찰의 뼈대이자, 중심임을 새삼 깨달았다. 그래, 절의 계단은 불교의 교리를 노골적으로 드러낸 거였어! 불국토인 도리천을 서른세 개의 계단으로 상징화시켜 표현해 놓은 것처럼 말이야.

대적광전으로 오르는 중앙 계단의 돌들은 통돌이다. 하나같이 긴 하나의 돌로 이루어져 있다. 잘 다듬어진 통돌들은 엄청 무거워 보인다. 이 길고 무거운 돌들을 하나하나씩 쌓아 높은 계단을 만들어 놓았다. 변변한 건설장비도 없었던 그 옛날에 어떻게 이런 어려운 공사를 할 수 있었는지 경이롭다.

한국 화엄종의 시조인 의상대사가 지었다는 법성게法性偈에 이런 말이 나온다.

" 하나 속에 여럿이 있고 여럿 가운데 하나가 있다. 一中一切多中一

　하나가 곧 전체고 전체가 곧 하나다. 卽一切多卽一"

이 계단을 두고 하는 게송 같다. 계단은 홀로 존재하는 것이 아니라 서로의 관계 속에서 존재한다. 이 세상의 모든 만물도 서로 인연에 의지해 존재한다. 『삽아함경』에서는 이리 말한다.

"이것이 있으므로 저것이 있고, 이것이 생김으로 저것이 생긴다. 이것이 없으면 저것도 없고, 이것이 죽으면 저것도 죽는다"

불교의 연기법을 상징적으로 잘 표현해 놓은 게 대적광전의 중앙 계단이다. 오늘도 사찰의 높은 계단은 이런 불교의 교리를 우리에게 묵묵히 전해주고 있다.

통돌로 만들어진 대웅전 앞 계단, 서로의 관계 속에서 존재한다.

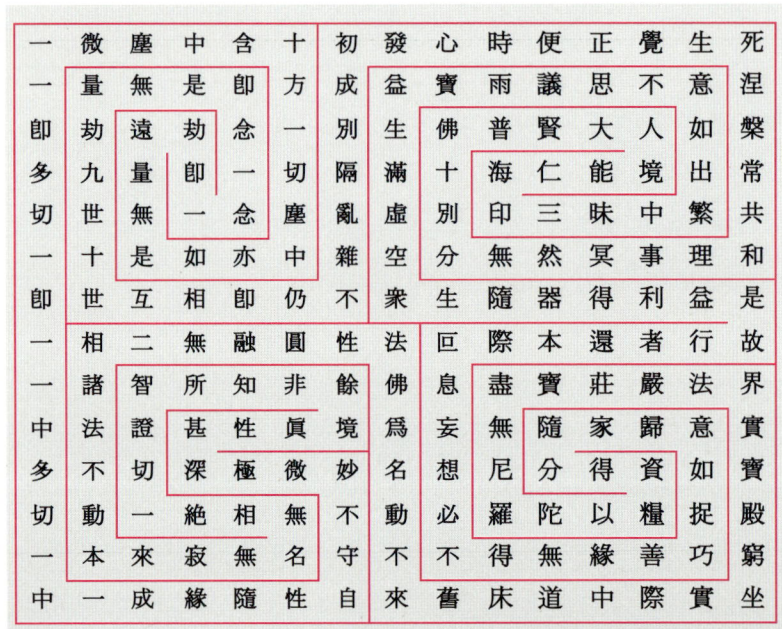

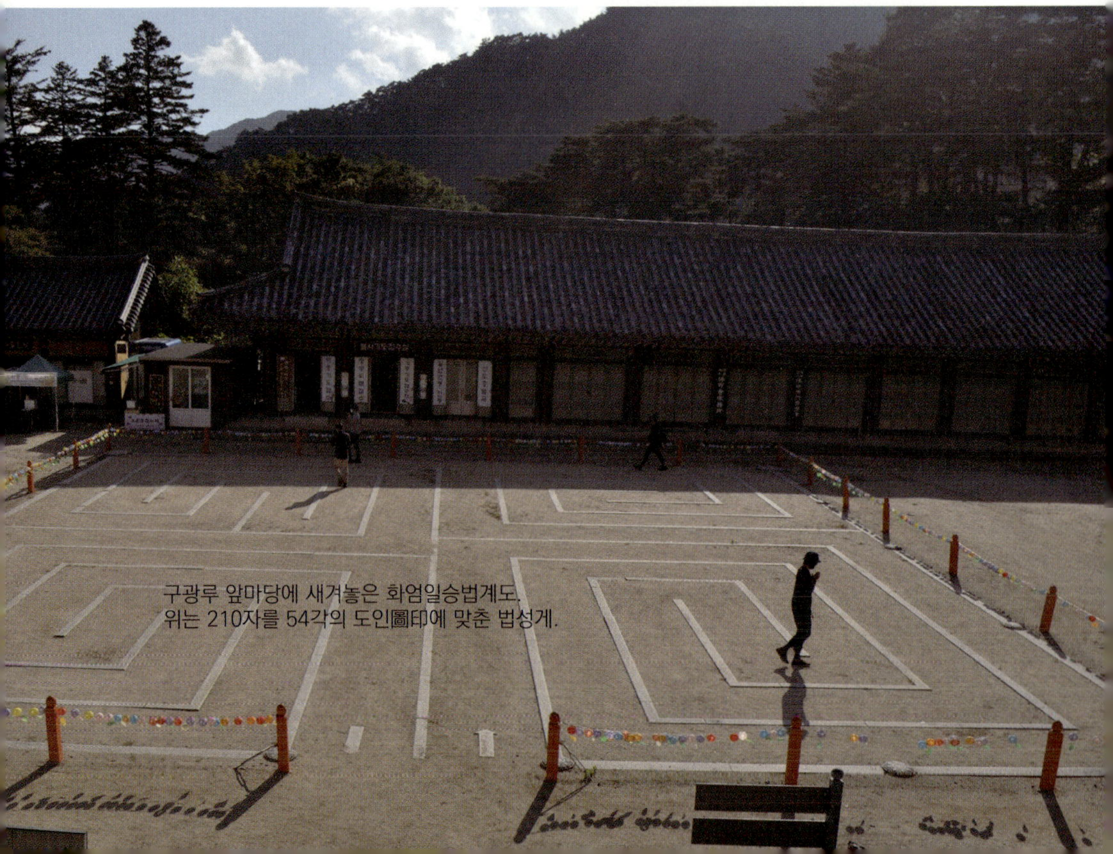

구광루 앞마당에 새겨놓은 화엄일승법계도,
위는 210자를 54각의 도인圖印에 맞춘 법성게.

대웅전 지붕을 받치고 있는 서까래 끝마다 반야심경이 두 개의 언어로 새겨져 있다.

그래서인지 내게는 구광루 앞마당에 평면으로 새겨놓은 화엄일승법계도華嚴一乘法界圖도 계단처럼 읽힌다. 7언 30구 210자의 게송이 마치 각진 54개의 돌로 잘 다듬어져 쌓은 네모난 불단으로 느껴진다. 화엄경의 근본정신을 가지런히 쌓아놓은 불단처럼 보인다.

오늘도 불자들은 법성게를 외우면서 일명 해인도海印圖를 따라 돈다. 다들 미로처럼 얽힌 삶 속에서 애써 제 갈 길을 찾아가는 고행자들 같다.

대적광전 처마 밑 서까래 끝을 자세히 올려다보면, 반야심경이 두 개의 언어로 새겨져 있다. 가지런한 서까래들이 마치 높은 계단 끝에 목책을 두른 결계結界처럼 보인다. 범접할 수 없는 그 너머에는

시작도 끝도 없이 연결되어 있는 화엄일승법계도.

한 채의 암자가 숨겨져 있을 것만 같다. 거기 하늘 아래서 결가부좌하고 용맹정진하는 스님의 낭랑한 독송이 들려오는 듯도 하다. 지붕 서까래 끝에 불경을 새겨놓은 걸 처음 봐서인지 잠시 신비로운 상상에 잠겨보았다.

해인사 일주문에서 장경판전까지 중심에 놓인 계단들은 모두 108개라 한다. 백팔번뇌의 상징이다. 이번에 답사하면서 맘먹고 계단들을 세어보았다. 중간중간 보수를 해서인지 숫자가 딱 들어맞지는 않았다.

부처님의 진신사리가 진짜일까? 따지는 일만큼이나 부질없는 짓임을 곧 알았다. 상징은 상징으로써의 의미로 충분하다.

도량의 가파른 계단을 오르내리면서 그저 내 마음속의 108번뇌나 지긋이 누그러뜨려 볼 일이다. 시시때때로 불같이 일어나는 내 욕심을 꾹꾹 눌러 가라앉혀 봄은 또 어떨지. 물로 불을 다스려 잠재우듯이 말이다.

육신은 죽어 없어져도 사람 뼈는 훨씬 더 오래 남겨져 고고학자들을 부르듯이, 어느 폐사지에 남겨진 단단한 계단들이 지금 날 찾는 듯하다. 어서 와, 이 절의 오래된 이야기 좀 차근차근 들어봐달라고. 오늘은 내 눈에 사찰 계단이 완전히 꽂힌 날이다.

경기도 양주의 회암사지, 계단만 노골적으로 드러나 보인다.

해인사에서 바다를 보다

서점에 가면 그 수많은 책 중에서도 내 책은 쉽게 찾아진다. 저절로 금방 내 눈에 띈다. 멀리 내 책이 보이는 데도 얼른 다가가지 못하고 주변을 빙빙 돌 때가 많다. 누가 내 책이라도 들춰보면, 고마워서 가슴이 떨린다. 책을 집어 들고 계산대로 가는 독자를 본 적이 있다. 그 순간만은 세상이 나를 위해 돌아가는 양 기뻤었다. 내 책의 독자가 내게는 부처님으로 보인다.

일주문에 들어서기 전, 저만치 돌확이 제일 먼저 내 눈에 들어왔다. 소금물이 든 돌확을 확인하는 순간 가슴이 뛰면서 안심이 되었다. 오늘은 소금이 들어있는 저기 저 절구 모양의 돌에 집중해야 한다. 오늘 해인사를 답사하는 목적이기 때문이다. 내 마음은 온통 저기 돌확에 가 있는데도 난 바로 그리로 달려가지 않았다. 맛있는 사탕을 아껴 먹듯이 내게 주어진 시간을 꼼꼼히 음미했다고나 할까.

먼저 일주문 밖 당간지주와 거리를 나타내는 원표를 찬찬히 둘러보았다. 신라 시대 최치원이 만들었다고 전해지는 유상곡수流觴曲水의 둥근 못도 흥미롭게 보였다. 일주문의 현판과 주련도 아주 자세히 살펴보았다.

당간지주幢竿支柱는 깃대를 세우고 깃발을 달아 절을 표시했던 대다. 지금으로 치면 국기 게양대와 같다. 당幢은 깃발을 간竿은 장대를 뜻한다. 지주支柱는 이들을 지탱해 주는 기둥이다. 지금 보이는 건 장대와 깃발이 없는 한 쌍의 지주뿐이다. 전국의 사찰 앞에는 대부분 지주만 방치되다시피 놓여있다. 왜 깃대를 세우고 깃발을 걸지 않는지 모르겠다. 유물로만 남겨두지 말고 본래 기능대로 활용이

절구처럼 생긴 돌 가운데 구멍을 뚫어 소금물을 저장해 두는 돌확.

일주문과 천왕문 사이 서쪽에 자리한 돌확.

되었으면 좋겠다. 사찰마다 특색있는 깃대와 깃발이 펄럭이는 날을 고대해 본다.

돌확은 일주문과 천왕문 사이 서쪽에 자리한다. 커다란 돌을 우묵하게 파내서 절구 모양으로 만든 게 돌확이다. 해인사에서는 매년 음력으로 5월 5일 단옷날, 여기에 소금을 채우고 물을 부어 놓는다. 상징적으로 바닷물을 만들어 사찰의 화재를 예방하는 행사다.

지금껏 줄곧 딴청을 피우다가 드디어 돌확 앞에 섰다. 네모난 돌 위에 암키와 한 장이 덮여있었다. 우선 사진을 찍고 기왓장을 조심스레 들어 올렸다. 돌확 가득 물이 고여 있다. 물밑으로는 하얀 소금도 보인다. 난 지금 해인사에서 바다를 보고 있다. 단오절 소금 묻기 행사가 끝나고 서너 달 정도가 지났는데도 소금물을 볼 수 있다니, 놀랍고 한편으로는 무척 고마웠다. 직접 현장에 오길 잘했다는 생각이 들었다. 진리는 늘 현장에 있음을 다시 한번 진하게 느꼈다. 소금물에 하늘의 구름이 드리워져 있다. 내가 바라던 살아있는 그림이다.

열심히 사진을 찍고 있는데, 지나가던 연인이 신기한지 내게 다가와 묻는다.

"이게 뭐예요?"

"소금물입니다"

"엥, 웬 소금물이오?" 둘이 다가와 자세히 보더니.

"와, 진짜네요!"

자기들끼리 서로 마주 보면서 믿기지 않는다는 듯한 표정들을 짓는다. "사찰의 화재를 예방하는 소금물입니다"라고 설명해 주었더니, 더 이해할 수 없다는 듯이 고개를 갸웃거린다. 더 물어보면 아주 친

거리를 나타내는 원표.

당간지주.

유상곡수.

절하게 설명해 주려 맘먹고 있었는데, 남자가 대뜸 휴대전화를 꺼내 검색해 본다. 살짝 속이 상했다. 아이고! 이러니 책이 팔리겠나? 속으로 장탄식이 나왔다. 세상의 모든 지식이 스마트폰에 다 들어 있으니, 책이 무슨 소용인가 말이다.
아무리 검색의 시대라지만 그래도 새로운 지식은 계속 생산돼야 하니, 난 지금의 내 역할에 충실할밖에.
하기야 절에 시주도 신용카드로 하는 시대다. 대웅전 앞에 설치되어 있는 카드단말기 불전함을 보고 어색해 하면 안 된다. 이제는 내가 익숙해져야지, 딱히 딴 도리가 있나. 시대의 흐름을 거부해 봤자 내 마음만 더 사나워질 테니.

신용카드 불전함, 절에 시주도 IT시대에 맞춰 변화 한다.

삼라만상의 진리를 깨달아 선정에 든 부처님의 마음자리, 해인사

해인사海印寺는 화엄경의 핵심 사상인 해인삼매에서 비롯된 이름이다. 우리가 흔히 "삼매경에 빠졌다"라고 말하곤 한다. 오직 한 가지 일에만 마음을 집중시킬 때 쓰는 말이다. 이 삼매가 인도 산스크리트어로 "고요함"을 뜻하는 "사마디(Samadhi)"의 음차音借라서 좀 놀랐다.

바다는 세상의 모든 물을 다 받아들인다. 불교에서 바다는 부처님의 진리를 상징하는 곳이다. 바다에 온갖 사나운 풍랑이 잦아들면, 잔잔해진 바닷물에는 모든 삼라만상이 도장 찍히듯 그대로 비친다.

커다란 돌 가운데를 우묵하게 파낸 돌확 속에 든 소금물, 사찰의 화재 예방 문화재다.

부처님의 지혜를 상징하는 해인처럼 생긴 소금물

모든 번뇌가 사라진 부처님의 마음자리로 비유된다. 맑고 고요해진 마음속으로 과거와 현재와 미래의 모든 업이 투명하게 비친다. 해인삼매海印三昧의 경지다. 석가모니 부처님이 화엄경을 설할 때, 선정에 든 상태라 한다.

부처님을 따르는 불자들은 마음속 모든 번뇌를 끊어내기 위해 용맹정진한다. 세상의 참된 모습을 자각하려면 시시때때로 마음속에서 끓어오르는 망상을 가라앉혀야 한다. 마음이 평온해져야 비로소 부처님의 지혜를 따라 깨달음의 길로 들어설 수 있을 테니.

돌확의 소금물은 마치 동그란 도장처럼 생겼다. 부처님의 지혜인 해인海印의 상징처럼 보인다. 삼라만상의 진리를 깨달아 선정에 든 부처님의 마음자리를 보는 듯했다.

그런데도 난 조금 전에 이 돌확 앞에서 날 무시하는 듯한 연인들로 살짝 상처받았었다. 백날 머리로만 알면 뭔 짝에 쓰나, 내 마음과 행동이 날 따라주지 못하니. 난 아직도 갈 길이 한참 멀었다. 나무아미타불 관세음보살이 절로 입에 맴돈다.

법보종찰 해인사의 단오절 소금 묻기 행사

법보종찰 해인사에서는 매년 음력으로 5월 5일 단오절에 소금 묻기와 문화행사를 연다. 올해 해인사 단오절 소금 묻기 행사를 사찰의 홈페이지에서 유튜브 동영상으로 보았다. 문명의 이기로 참 편리해진 세상이다.

먼저 주지 스님이 대적광전의 비로자나불께 향을 피워 단오절 의식

해인사의 5월 5일 단오절 소금묻기 행사. 대적광전 앞 서쪽 축대 위 2개의 돌확에 소금을 넣고 물을 부어 소금물을 만든다.

을 알린다. 스님들은 모두 전각 앞에 모여 예불을 드린다. 주지 스님이 "단오절 길상 소재 기원문"을 낭독하는 것으로 예불은 마무리된다. 불로 인한 사찰의 재앙을 막아주고 복을 기원하는 단오절 의례다.

예불이 끝나면 사찰 전각 여기저기에 산재해 있는 돌확에 소금을 넣고 물을 붓는 행사를 한다. 대적광전 앞 서쪽 돌 축대 위에는 두 개의 돌확이 있다. 예불을 끝낸 주지 스님이 먼저 소금을 한 국자 퍼서 돌확에 붓는다. 나머지 스님들도 차례로 줄을 서서 한 국자씩 소금을 넣는다. 마지막으로 소금이 다 채워진 돌확에 물을 붓는다. 이는 바닷물을 만드는 상징적인 의식이다. 이렇게 만들어진 소금물은 바다의 상징 체계다. 이는 물의 신 용왕이 주재하는 바닷물로써 사찰의 화재를 예방하는 방편이다.

내가 방문했을 때, 대적광전 앞 돌확은 소금물 대신 모래로 채워져 있었다. 아마 사람들이 많이 다니는 장소라 안전을 고려한 조치인 듯싶었다.

다음으로 주지 스님을 선두로 수십 명의 스님이 줄을 서서 절 마당을 가로질러 우화당으로 향한다. 이 전각은 천왕문의 서쪽에 있는 요사채다. 우화당 앞 화단 양쪽에도 2개의 돌확이 있다. 앞서와 마찬가지로 주지 스님부터 소금을 한 국자씩 차례로 넣고 마지막으로 물을 붓는다. 생각보다는 돌확들이 깊다. 한 양동이의 소금이 다 들어갈 정도다.

일주문과 천왕문 사이 서쪽 숲속에도 2개의 돌확이 있다. 같은 방법으로 소금을 넣고 물을 부어 바닷물을 만든다. 이 두 개의 돌확 중 하나는 천왕문 진입로 바로 옆에 있다. 해인사를 방문하는 사람

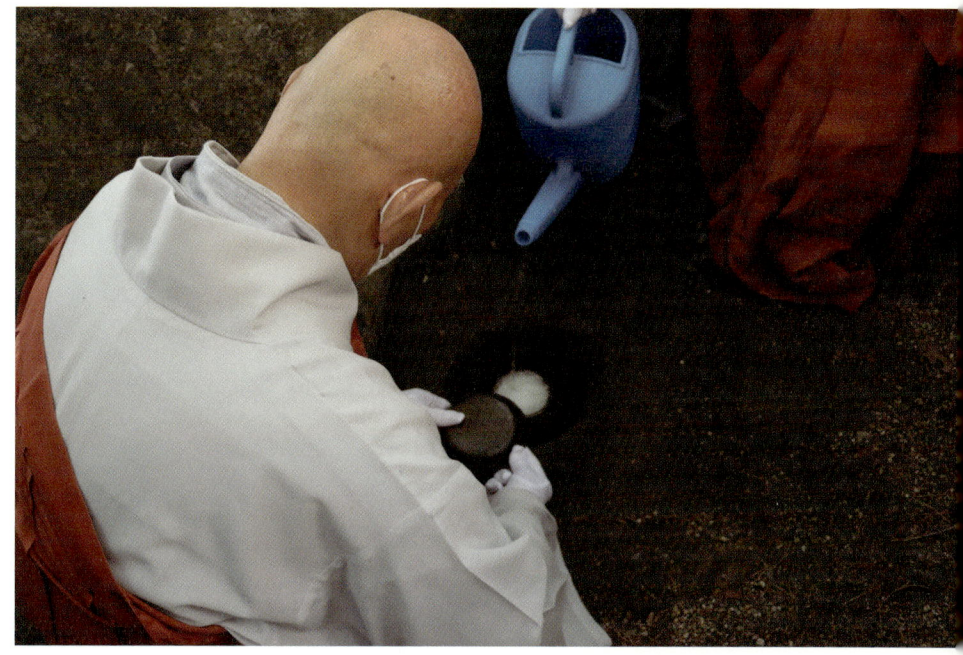

사찰 동쪽 율원 앞의 숲속 큰 바위 옆 땅 속에 소금단지를 묻는다.

들은 누구나 쉽게 소금물을 확인해 볼 수 있는 곳이다. 평소에는 돌확 소금물 위에 암키와를 덮어 놓는다. 옆에 친절한 해설판도 마련되어 있다.

마지막으로 사찰 동쪽 율원 앞의 숲속 큰 바위 옆에 소금단지를 묻는다. 앞선 여섯 곳에서는 노출된 돌확에 소금을 넣고 물을 부어 바닷물을 만들었다. 누구나 눈으로 쉽게 확인해 볼 수 있다. 그런데 여기 한 곳만은 특이하게도 땅을 파고 소금단지를 묻는다. 작은 항아리에 소금을 채워 물을 붓고 뚜껑을 덮어 땅속에 파묻는다. 소금단지를 묻은 스님들 말고는 볼 수도 알 수도 없다.

이렇게 하는 이유가 분명히 있을 것 같아 사찰의 홈페이지를 찾아

보았다. 마땅한 답을 찾지 못했다. 사찰에 전화를 걸어 물어보아도 내 질문 자체가 낯선듯했다. 궁금증이 도져 인터넷을 두루 검색해 보았지만, 속 시원한 해답을 아직 찾지는 못했다. 누군가는 분명 그 이유를 알고 있을 텐데, 그 귀인을 당장 찾을 길이 없어 답답할 뿐이다.

소금물이 든 돌확은 한 쌍씩 세 곳에 있으니, 총 6개다. 대적광전 앞 돌 축대 위에 2개, 우화당 앞마당에 2개, 봉황문과 일주문 사이 숲속에 2개다. 대적광전 정문을 중심으로 놓고 보면, 6개의 돌확은 모두 사찰의 서쪽에 자리 잡고 있다. 나머지 한 개의 소금단지는 사찰 동쪽의 땅속에 묻혀있다.

동양사상의 상수리象數理 개념을 이해하는 데, 방위와 숫자 등은 중요한 근거가 된다. 동쪽은 양의 방향이고 서쪽은 음의 방향이다. 숫자 1은 양수고, 6은 음수다.

양의 방향인 동쪽에 양수인 1개의 소금단지가 묻혀있다. 음의 방향인 서쪽에 음수인 6개의 돌확이 자리한다. 일단 방위와 숫자는 음양으로 보아 제자리다.

사찰이라서 동양사상으로 해석하는 게 좀 무리일 수도 있다. 하지만 하도河圖의 물을 생성해 내는 숫자 1·6수를 상징하는 것처럼 보인다. 땅속에 묻은 1개의 소금단지는 물을 생生하고, 소금물이 든 6개의 돌확은 물을 성成하게 하는 원리다. 해서 아주 조심스럽지만, 1개의 소금단지와 6개의 소금물이 든 돌확은 물을 생성해 내는 상징 체계로 읽힌다. 즉 동양사상에서 물을 생성해 내는 하도 1·6수의 상징 체계로 해석된다.

또 짠맛인 소금도 오행 사상으로 꼭 살펴봐야 한다. 소금은 불을 이

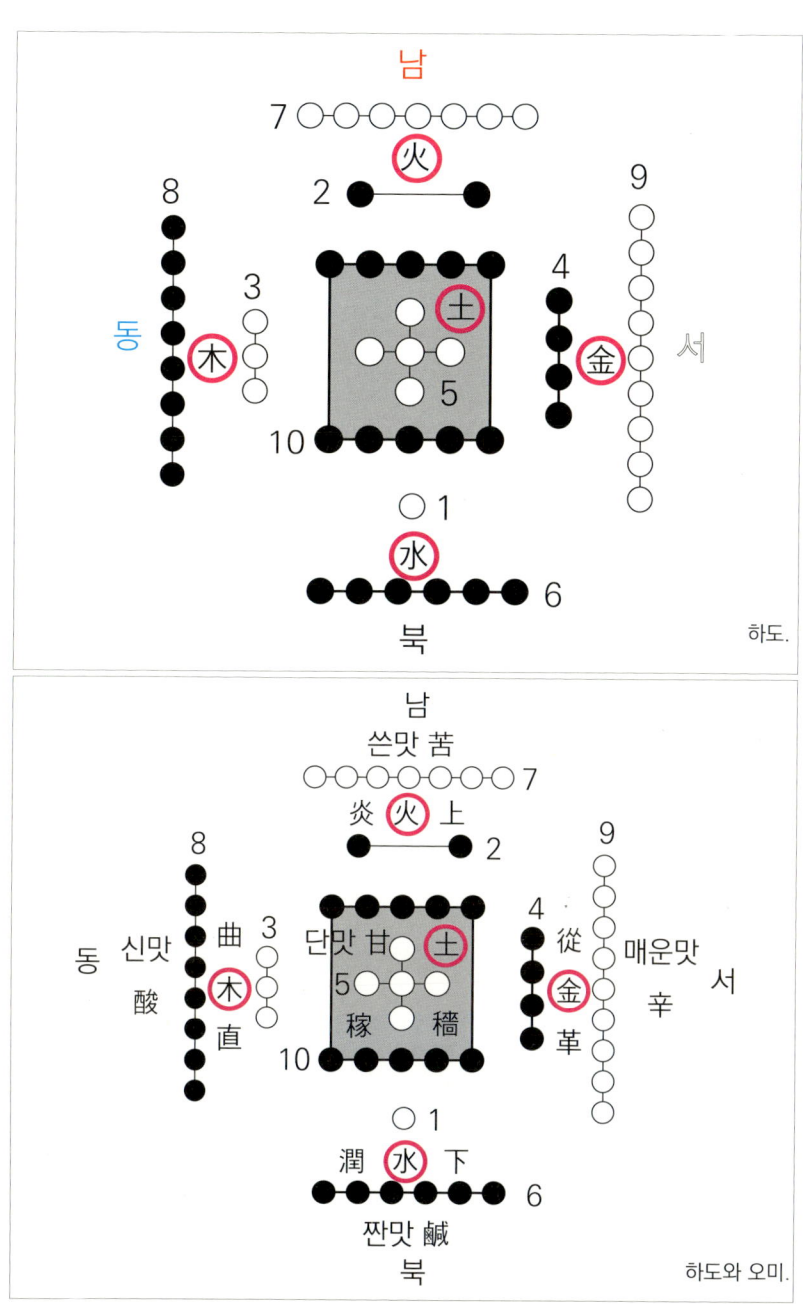

하도.

하도와 오미.

겨 다스리는 물질이기 때문이다. 오행에는 다섯 가지 맛인 오미五味가 배정되어 있다. 『서경』 홍범구주의 오행에 이와 같은 내용이 실려 있다.

"오행으로 동쪽의 나무[木]는 굽기도 하고 곧기도 하면서[曲直] 신맛[酸]을 만든다. 남쪽의 불[火]은 타올라 위로 솟으며[炎上] 쓴맛[苦]을 만든다. 중앙의 흙[土]은 심고 거두며[稼穡] 단맛[甘]을 만든다. 서쪽의 쇠[金]는 따르기도 하고 바뀌기도 하면서[從革] 매운맛[辛]을 만든다. 북쪽의 물[水]은 적시면서 아래로 흘러[潤下] 짠맛[鹹]을 만든다."

짠맛인 소금은 물의 상징이다. 쓴맛은 불의 상징이다. 짠맛과 쓴맛은 상극相剋 관계다. 한마디로 짠 소금은 쓴 불을 이긴다. 바로 물인 소금은 재처럼 쓴 불을 이겨 제압하는 물질이다. 수극화水克火의 원리다. 사찰에서 화마를 물리치기 위해 짠맛인 소금을 쓰는 또 다른 이유가 여기에 있다.

해인사의 단오절 소금 묻기 행사는 물로써 화재를 예방하려는 상징성을 갖는다. 소금 묻기는 물로써 불을 끄는 수극화의 상징 체계다. 사찰의 화재를 예방하고 제압하기 위해서는 물이 필요하다. 사찰이기에 물 대신 부처님의 진리를 상징하는 바닷물로 방편 삼았다. 소금을 이용해 바닷물을 만들어 절 곳곳에 소방수를 비치해 두는 상징적인 행사다. 바다는 용왕이 주재한다. 바닷물을 다스리는 용왕이 사찰의 화마를 막아 물리쳐 주리라는 간절한 믿음으로 행하는 의식이기도 하다. 사찰에서 매년 단오절에 사부대중이 한자리 모여 행하는 중요한 연례행사다.

유불선은 한국의 건축문화를 이끄는 동력으로 긴밀히 작용한다

대적광전 앞 축대 양쪽에는 정료대庭燎臺가 세워져 있다. 옛날 관솔 등을 피워 야간에 조명을 밝히던 시설물이다. 조선 시대 서원 마당 등에 세웠던 설치물이다. 사찰에서는 보기 드문 시설이다. 더군다나 정료대 몸통에는 세호細虎까지 새겨져 있다.

조선왕릉 능침 좌우에는 망주석이 설치되어 있다. 조선 초에는 망주석의 귀로 명명되던 손바닥 크기의 돌조각이다. 상상의 동물인 세호는 조선 중기부터 망주석 몸통에 새겨지기 시작했다. 시간이 지날수록 차츰 동물의 형태로 구체화 되어 조각되었다.

안동 도산서원 강당 앞의 정료대.

서쪽 정료대 세호는 아래로 향한다.

동쪽 정료대 세호는 위로 향한다.

해인사 대적광전 앞 좌우에 설치된 정료대.

서쪽 망주석의 세호는 아래로 향한다.

동쪽 망주석의 세호는 위로 향한다.

조선 제26대 고종과 명성왕후의 홍릉, 합장릉으로 좌우에 망주석이 설치되어 있다.

다람쥐처럼 생긴 조각상이 동쪽은 올라가고 서쪽은 내려가는 모양으로 새겨져 있다. 마치 다람쥐가 쳇바퀴 돌 듯이 둥근 형상을 이룬다. 이는 태양이 동쪽에서 떠서 서쪽으로 지는 상징성이다. 해가 원을 그리며 돌고 돌아 낮과 밤이 생기듯이 시공간을 동시에 표현하고 있다. 동양사상인 음양의 조화를 꾀한 태극 문양의 형태로도 볼 수 있다.

사찰임에도 불구하고 아이러니하게 유교적인 설치물과 조각들이다. 그것도 서원 마당에 불을 밝히던 정료대와 왕릉 망주석에나 있는 세호가 혼합된 형태다. 두 요소가 섞인 이질적인 형태로 유교 건축에도 없는 시설물이다. 요즘 용어로 치면, 설치장식물의 '하이브리드'라고나 할까.

신라 시대 최치원이 쓴 『신라가야산해인사선안주원벽기』에 이런 구절이 나온다. 〈한국고전번역원〉 『동문선』 제64권 기記에서 발췌하였다.

"중용의 도리를 행하여 절을 잘 다스렸고,
 주역 대장大壯의 방침을 취하여 건축을 새롭게 하였다.
 依乎中庸 盡住持之美 取諸大壯 煥營構之奇"

아시다시피 『중용』은 유학의 사서에 속하는 책이다. 또 삼경 중 하나인 『주역』 책은 동양사상의 정수라 불린다.

주역 64괘 중, 34번째가 뇌천대장雷天大壯 괘다. 괘의 모양이 집의 상이다. 아래 4개의 양효는 튼튼한 기둥을 상징한다. 위 2개의 음효는 서까래를 내려 지붕을 덮어 비바람을 대비한 상이다. 이로부터 동굴 생활하던 원시 사회에서 집을 짓고 살기 시작하는 문명사회로 전환이 이루어졌다고 보는 괘다. 그래서인지 대장괘는 집 짓는 원리에 종종 상징적으로 인용되었다. 한 가지만 예를 들어보자. 창덕궁 후원에 가면 부용지가 있고 물가에 부용정이란 정자가 있다. 자연과 건축 그리고 연못이 한 데 잘 어우러진 아름다운 곳이다. 부용정은 정조 때에 개축된 정자다. 정조대왕이 상량문을 지었는데, 대장괘의 상을 본떠 정자를 지었다고 『홍재전서』 제55권에 기록되어 있다.

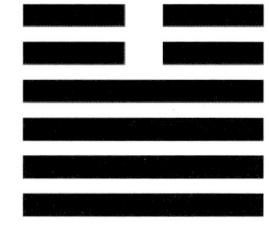

주역 뇌천대장 괘.

창덕궁 후원의 부용정.

"오직 마룻대를 올리고 서까래는 밑으로 내려 정자를 지으니, 모두 주역의 대장괘에서 취하였다. 무릇 방에 들어가거나 마루에 오르는 일은 아울러 주역의 37번째인 가인괘를 본받음이다.
惟上棟下宇之規 蓋取著大壯 凡入室升堂之士 幷視以家人 "

신라 시대 최치원부터 조선 시대 정조대왕까지를 관통하는 유교 사상이다. 이는 유·불교를 떠나 한 나라 건축문화의 융합이다. 사찰 건축에 유교 문화가 반영되는 일은 자연스러운 현상이다. 조선왕릉의 장명등은 사찰 문화의 영향을 받아 세운 석물이다. 서로 영향을 주고받으며 한 나라의 문화를 이끄는 동력으로 긴밀히 작용한다.

동구릉의 건원릉 앞 장명등. 불교 문화의 영향으로 세워진 석물이다.

사찰의 화재를 예방하려고 남산의 산 이름을 매화산으로 바꿨다

매화산은 대적광전 정면에서 보아 동남쪽에 자리한다. 남산제일봉이라고도 불린다. 해인사의 남쪽에 있는 산으로 불의 방위인 전주작인 남산이다. 산의 형상이 뾰족뾰족하니 매우 험하게 생긴 바위산이다. 마치 불이 활활 타오르는 모양을 닮았다. 남쪽은 오행에서 화성으로 불의 방향이다. 더군다나 불의 산인 남산이 불티가 날름거리듯 생겼으면 더더욱 화근으로 여겼다. 언제든 절에 화재를 일으킬 수 있는 근심거리였다. 화마는 한순간에 모든 걸 앗아간다. 어떻게든 불의 재앙에서 벗어나 사찰을 지켜내야 했다.

화마로부터 해인사를 지켜내려면 불을 불러오는 남산제일봉의 화기를 제압해야 했다. 이를 위해 해인사에서는 세 가지 방법을 사용하였다. 첫째로 산의 이름을 바꿨다. 앞산의 불기운을 아예 땅속에 파묻어 버린다는 "매화埋火"로 개명했다. 두 번째로는 대적광전을 중건할 때, 전각의 축을 불의 산인 남산제일봉을 피해 서쪽으로 틀어 지었다. 세 번째로는 매년 단오절에 사찰 경내와 남산 꼭대기에 소금단지를 묻어 화기를 억누르는 방책을 세운다.

먼저 산의 이름을 매화산埋火山으로 지은 까닭부터 살펴보자. 매화는 불을 흙 속에 파묻어 장사 지냈다는 뜻이다. 사찰에 번번이 화재를 불러일으키는 남산제일봉의 위험한 불기운을 죽여 없애야 했다. 남산의 화기를 없애버리려 마치 주문을 걸듯 산의 이름을 바꾼 셈이다. 남산의 불기운을 애당초 땅에 묻어 장사를 치러버린다는 상징성이다. "매화埋火"라는 산의 이름으로 사찰의 화재를 미연에 방지하고자 한 조치였다.

해인사의 전주작 남산제일봉, 불의 산이다.

조선 영조 때, 불미스러운 사건으로 고을 이름을 바꾼 사례가 있어 소개해 본다. 지금으로부터 256여 년 전, 현재 경상남도 산청에서 있었던 일이었다. 조선왕조실록 영조 43년(1767년) 윤달 7월의 사건 내용을 정리해 보았다.

경상도 산음현山陰縣에서 일곱 살 먹은 여자애가 사내아이를 낳았다는 보고가 올라왔다. 임금이 듣고 크게 우려하였다. 좌의정과 좌부승지가 없애버리자고 청하였다. 임금이 말하길 "이 역시 나의 백성 중의 한 아이이다. 어찌 무고한 사람을 죽일 수 있단 말인가" 하고 신하들에게 사정을 소상히 조사하라고 명했다.

세상에 어찌 아비 없는 자식이 있을 수 있겠는가? 곧 아이 아버지가 소금 장수 송지명으로 밝혀졌다. 조정에서는 흉흉한 소문에 현혹된 영남의 민심을 가라앉혀야 했다. 산음 현감에게 사적仕籍에서 이 사건을 삭제하는 법을 시행하고, 또 그 여자·어미·간통한 남자·아이를 바다의 섬에 나누어 귀양보내 노비로 삼으라고 명하였다.

임금과 조정에서는 이 사건을 입에 올리기조차 곤혹스러워했다. 일곱 살짜리를 임신시킨 소금 장수가 큰 벌을 받아야 하거늘, 어찌 죄 없는 어린 여자애와 그 어미 그리고 갓난아이가 섬으로 귀양보내져 노비가 되어야 한단 말인가. 임금이 한탄하며 말했다. "조사가 끝났다고 나의 마음이 풀어지겠는가? 괴물은 괴물이다. 내 비록 80을 바라보는 나이지만 나의 덕이 요괴를 이길 것이다. 어찌 사서史書에 없는 일을 들을 수 있겠는가?"

영조임금은 고을 이름인 산음山陰을 산청山淸으로 고치도록 하교했다. 임금은 고을 이름인 "산음山陰"에 음침할 음陰 자가 들어있어 이런 망측한 일이 일어났다고 보았다. "아미산蛾眉山이 있었기에 북송의 3대 문장가인 소순과 소식, 소철이 태어났다. 이름을 어찌 소홀히 할 수 있겠는가?" 그러니 고을 이름을 삿된 생각이 없는 맑은 산인 "산청山淸"으로 바꾸라고 명했던 것이있다. 고을 이름을 바꿔가면서까지 그늘진 민간의 풍습을 바로잡아 다스리려고 했다.

옛 어른들은 "말이 씨가 된다."라며 함부로 말하는 걸 삼가라 했다. 많이 쓰이는 말은 쓰인 만큼의 어떤 작용이 일어난다고 믿는 경향이 있다. 싫은 사람에게 계속해서 나쁜 말을 퍼부으면, 끝내 그 사람이 저주받을 거라 여기는 심리다. 의연 중 하는 말이 듣는 사람들에게 분명 어떤 영향을 미칠 거라 믿는 잠재의식이다. 사람들은 생각이나 말의 지배를 무의식적으로 받는다. 여러 사람에 의해 반복해서 불리는 말은 그만큼의 영향력이 생긴다고 믿는다.

시인은 자기가 지은 시를 따라간다는 말이 있다. 우연히 지은 시가 이상하게도 나중에 일어난 뒷일과 딱 맞아떨어지는 일을 시참詩讖이라고 한다. 가수들도 자기 노래 따라간다고들 한다. "낙엽 따라 가버린 사랑"을 부른 가수가 노래 따라 요절했다는 요참謠讖 설이 그것이다. 주로 비극적인 예언으로 사람들의 입에 종종 오르내리곤 한다.

그래서 해인사는 불의 산인 남산제일봉의 이름을 바꾸어서 비보를 했다. 앞산의 불기운을 땅에 파묻어 장사 지낸다는 "매화埋火"로 개명했다. 애당초 산의 불기운을 살벌한 이름으로써 죽여 없애버리려 한 것이다. 매화산은 해인사의 화재를 막아 물리치려는 경계이자 간절한 염원을 담아 개명한 산 이름이다.

마치 관악산 꼭대기에 물을 의미하는 육각형으로 못을 파, 산의 불마귀를 제압해 없애버리려 했던 조치와 똑같은 의미다.

대적광전의 방향을 남산제일봉을 피해 서쪽으로 틀어 지었다

해인사 홈페이지를 보면, 이례적으로 지금까지 사찰의 화재 상황을 자세히 기록해 놓았다. 해인사는 임진왜란 때도 전화戰禍를 면했으나, 그 후 여러 차례 화재를 입었다고 한다. 그 내용을 보면 아래와 같다.

숙종 21년(1695년) : 동쪽의 많은 요사와 만월당, 원음루 화재

숙종 22년(1696년) : 서쪽의 여러 요사와 무설전 화재

영조 19년(1743년) : 대적광전 아래 수백 칸 당우 화재

영조 39년(1763년) : 화재

정조 4년(1780년) : 무설전 화재

순조 17년(1817년) : 수백 칸 낭우 화재

고종 8년(1871년) : 법성요 화재

위와 같이 1695년부터 1871년까지 해인사에서는 일곱 번의 큰 화재가 있었다. 천만다행으로 팔만대장경을 보관한 장경판전 건물만은 화재의 피해가 없었다. 대적광전과 장경판전 사이의 높은 축대가 불이 번지지 못하도록 막는 구실을 했을 것이라 말한다. 돌로 높이 쌓은 축대가 불의 번짐을 막는 해자垓字 역할을 한 셈이다.

장경판전과 대적광전 사이 높은 축대가 불 번짐을 막아주는 해자 역할을 했을 것이다.

대적광전 앞 정중삼층석탑이 동쪽으로 치우쳐 있다. 불의 산인 매화산 방향이다.

순조 17년(1817년) 대화재로 사찰 전각들이 대부분 전소되었다. 장경판전 외에는 그 직후의 건물들이다. 이때 대적광전을 중건하면서 전각의 방향을 남산제일봉을 피해 서쪽으로 틀어 지었다고 전해진다. 남산제일봉의 화기가 번번이 사찰에 불을 일으킨다고 여겼기 때문이다. 그래서 마주한 불의 산인 남산을 피해 전각을 중건했다. 이를 풍수에서는 도와서 모자람을 채워주는 비보裨補라 한다. 얼마나 화재를 두려워했으면 이런 조치까지 취했을까 싶다. 다행스럽게도 그 이후로는 사찰에 큰 화재가 일어나지 않았다고 한다.

지금도 보면 대적광전 앞마당의 탑이 동쪽으로 치우쳐 있다. 마당의 정중앙에 있는 탑이라 "정중삼층석탑庭中三層石塔"이라 불리는데, 탑은 정작 마당 한쪽으로 비켜 서 있다. 현재 대적광전의 정면 축을 정중 탑에 맞춘다면 얼추 남산제일봉을 향한다. 미루어 대적광전을 중건하면서 전각의 축을 틀어 지었다는 말은 일리가 있어 보인다. 해인사의 화재를 예방하고자 불의 산인 남산을 의도적으로 피한 것이다. 이즈음부터 매년 단오절에 사찰 경내와 남산에 소금단지를 묻어 화재를 예방하는 행사도 시작했다고 전해진다.

사찰의 탑에도 화재를 예방하는 장식이 있다. 탑은 통상적으로 기단부, 탑신부, 상륜부로 나눈다. 불탑 꼭대기 상륜부에 세운 기둥을 찰주擦柱라 한다. 이를 중심으로 여러 장식이 꾸며져 있다. 불탑의 구륜九輪 윗부분에 불꽃 모양으로 만든 장식을 수연水煙이라 한다. 물방울이 퍼져 자욱한 물 연기처럼 보이는 모양이다. 이 수연이 사찰의 화재를 예방하려는 목적으로 꾸며진 장식이다.

사찰의 화재를 예방하기 위해 대적광전의 축을 서쪽으로 틀어 중건했다. 대적광전 앞마당의 탑은 정 중앙이 아니라 동쪽으로 치우쳐

대적광전을 중건하면서 남산제일봉을 피해 축을 틀어 지었다고 한다.

사찰을 중건하면서 불의 산인 남산 제일봉을 피했다. 불조심의 상징이다.

있다. 불의 산인 남산제일봉 쪽을 향해 정면으로 맞서있다. 탑은 지금도 사찰로 향하는 앞산의 불기운을 막아서며 그 자리에 서 있는 것이다. 사찰의 화마를 물리치기 위한 이중의 장치들이다. 대적광전과 정중삼층석탑의 어긋난 배치 관계가 비로소 풀렸다. 불조심의 인문학이 주는 발견이자 기쁨이다.

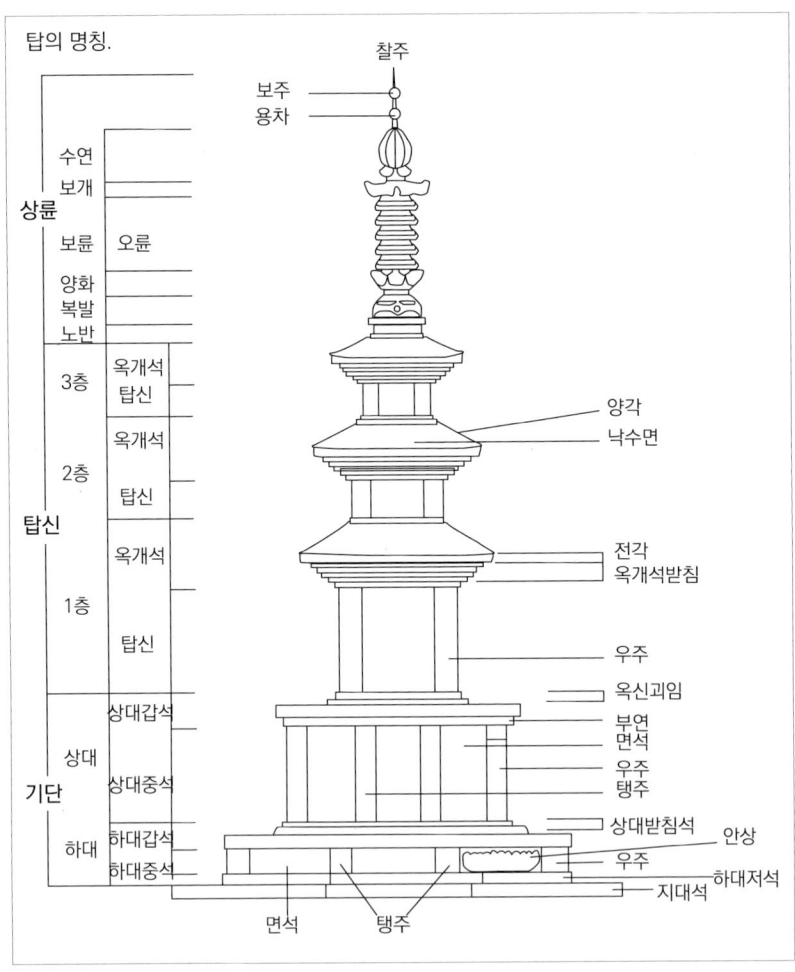

보물 제37호인 남원 실상사 동쪽 삼층석탑. 탑의 상륜부가 잘 보존되어 있다.

화기를 제압하려고 남산제일봉 꼭대기에 소금단지를 파묻는다

해인사의 전각들은 몇 차례 화마로 전소되고 중건하기를 반복했다. 팔만대장경을 보관 중인 장경판전을 제외한 사찰 전각들은 대부분 조선 시대 후반에 중건되었다. 이때부터 매년 단오절에 소금 묻기 행사를 진행해 사찰의 화재를 예방하고 있다. 방법은 동양사상의 물로 불을 막는 원리와 흡사하다.

단오절에는 사찰 맞은편 남산제일봉 정상에 소금단지를 파묻어 화기를 억누르는 행사도 연다. 조선 시대, 경복궁의 화재를 예방하고자 불의 산인 관악산 꼭대기에 물을 의미하는 6각형으로 우물을 팠던 일과 유사하다. 둘 다 물로써 산의 화기를 제압하여 화재를 예방하려는 의도다. 화마로부터 집을 지켜내려는 상징적인 행위다. 아마도 해인사의 단오절 소금 묻기는 유교와 풍수지리와 민간신앙의 영향이 일정 부분 반영된 듯싶다.

해인사에서는 매년 음력으로 5월 5일 단오절에 화재를 예방하는 소금 묻기 행사를 연다. 위에서 살펴보았던 절의 경내 일곱 곳은 물론 사찰 주변에 있는 용탑과 원당암 등에도 소금단지를 묻는다. 그뿐만이 아니라 매년 남산제일봉 꼭대기에도 소금단지를 파묻는 의식을 행한다. 사찰 경내에서부터 불의 산인 남산제일봉까지를 아우르는 전 지역에다가 소금단지를 골고루 묻어 불기운을 제압하는 방책이다.

해인사에는 말사가 많다. 단오절 새벽에 본사의 스님들은 물론 말사의 스님들과 신도들은 저마다의 위치에서 남산제일봉을 향해 오른다. 불의 산이라 불리는 남산을 사방에서 오르며, 산의 불기운을

남산제일봉 정상에서 치르는 단오절 소금묻기 예불.

꾹꾹 밟아 억누르는 등산이다. 일 년 중 양기가 가장 왕성한 5월 5일 단오절에 남산의 불기운을 밟아 제압하는 행사다. 해인사의 사부대중이 한마음으로 일종의 지신밟기처럼 하는 울력이다. 화마를 막아 물리쳐 금당의 부처님을 지켜내려는 수행자들의 삼보일배 같은 고행이랄까. 이렇게 매화산 정상에 모인 사부대중은 상을 차리고 예불을 올린다. 산꼭대기에서 소금단지 5개를 올려놓고 바닷물을 다스리는 용왕님을 모셔 오는 불공을 드리는 것이다. 물을 다스리는 용왕님께 사찰의 화마를 막아 물리쳐 달라고 비는 의식이다. 예불이 끝나면 동서남북 사방과 중앙의 다섯 방위에 이 소금단지들을 파묻는다. 이때 소금단지에 물을 붓는다. 바닷물을 만드는 상징이다. 불의 산인 남산 전체를 바닷물로 덮어씌워 화기를 억눌러 제압하는 상징 체계다. 그뿐만이 아니라 산 정상의 불이 타오르듯 뾰족뾰족한 화강암 바위틈에도 한지에 소금을 싸서 곳곳에 끼워 넣는다. 불꽃이 아예 되살아나지 못하도록 마지막 잔불 기운까지 모두 정리하는 치밀함이라고나 할까. 해인사에 화마가 얼씬 못하도록 단단히 잡도리하는 상징적인 단오절 의식이다.

이렇게 단옷날 오전에 소금 묻기 행사를 마친 사부대중은 산내 암자인 청량사에 모여 점심 공양을 한다. 맛난 점심 공양을 마치고 모두 〈가야산 해인사 단오 문화행사〉에 참여한다. 지역주민들과 줄다리기 등의 체육대회를 하며 화합을 다지는 행사다. 이 행사도 매년 단오절마다 행하는 해인사의 소중한 의례다. 마치 사부대중이 한마음 한뜻으로 불을 물리치는 모의 훈련을 하듯이 함성을 지르며 심신을 단련한다. 이로써 각종 재난과 재해로부터 팔만대장경을 지켜내며 호국 도량 해인사로 매년 거듭나는 중이다.

관악산 정상의 못. 화기를 제압하려는 방편으로 판 것으로 추정된다.

예불이 끝나면 소금단지에 물을 붓고 땅에 묻는다. 화기를 제압하는 의식이다.

사진 출처 및 협조

국립고궁박물관(www.gogung.go.kr)

흥선대원군합하봉 -102, 근정전상량문 -103, 수자명 육각형 은판 -105
수자문 지류 -107, 용문지류 -108, 천상열차분야지도 목판본-145

국립중앙박물관(www.museum.go.kr)

경복궁 광화문(일제 강점기)-051, 한양도성 돈의문-135, 해인사 홍하문-257

경기도박물관(www.musenet.ggcf.kr)

이중로 초상-053

서울역사아카이브(www.museum.seoul.go.kr)

수선전도-129, 대동여지도-173

연합뉴스(www.helloarchive.co.kr)

일명 "명박산성"-037

통도사(www.tongdosa.or.kr)

단오절 용왕제 소금단지 준비-154. 233하. 235상하, 각 전각의 사방 기둥머리에 올려진 소금단지-233상. 236, 단오 용왕제-234

해인사(www.haeinsa.or.kr)

대적광전 앞 돌확 소금 묻기 행사 및 소금물 – 289상.우하, 율원 앞 바위 옆에 소금단지 묻는 행사-291, 남산제일봉에서 단오절 소금 묻기 예불 행사-315, 남산제일봉에서 단오절 소금 묻기 행사-317

행정안전부(www.mois.go.kr)

태극기-029

선휴스님(blog.naver.com/sumano00)

인도 산치대탑-203

고 장영훈 풍수지리 전문가

한양 지형 스케치-132

위 출처 외의 사진은 도서출판 담디 자료실과 필자가 직접 촬영하였다.

본 책을 위하여 사진 촬영에 적극 협력해 주시고, 또한 귀중한 자료들을 제공해 주신 관계기관과 개인 소장자분들께 깊은 감사를 드립니다.

www.damdi.co.kr